単位操作を理解して生産性を向上！

食品工場の生産技術

弘中泰雅 [著]
Hironaka Yasumasa

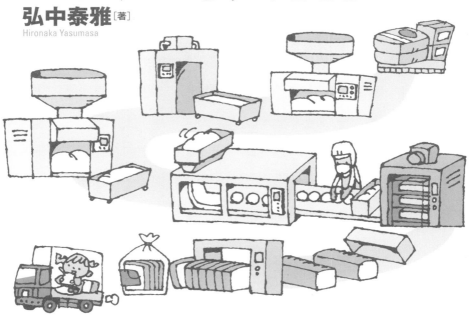

日刊工業新聞社

はじめに

　皆さんは、食品工場の生産性を向上させようと日夜懸命に考えておられると思います。そして、食品工場の生産性向上を成し遂げるには、社員の熱意はもちろん大切ですが、熱意だけでは達成に無理があることは先刻お気付きの通りです。生産性向上には意欲に加えてそれを実現するための具体的な工学的手段が必要なのです。そしてその工学的手段は大きく2つの領域に分かれます。

　1つは人・機械設備・冶工具・材料・仕掛・在庫・運搬などから構成される、生産システム全体の効率化を図る所謂インダストリアル・エンジニアリング（IE・経営工学）と呼ばれるものです。これまでの拙著「食品工場シリーズ」は主に1つ目のこのIEの領域を扱ってきました。

　そして、2つ目の工学的手段とは原材料から製品を作る各個別工程において、機械設備等の設計や改善を担う製品設計情報などの量産前の活動と、量産中の機械設備や冶具や製造設備等の改善活動など設備等の効果的活用技術に関するものです。これらは固有技術であり量産前と量産中の両方の活用を合わせて一般には「生産技術」と呼ばれ本書で取り上げるものです。

　昨今の日本における人手不足の問題は食品工場もその例外ではなく、この程のコロナウイルス騒動もあり、益々外国人労働者の採用も難しくなる現状にあって、食品工場も自動化やロボット導入、AIやIoT等を生産活動に早急に取り入れ生産性を向上しなければなりません。しかし現状の食品工場のままこれらの方法を単に導入しても、食品工場特有の要因により、多くの食品工場でうまく機能しない可能性が高いと著者は考えています。この食品工場特有の要因を改善しなければ食品工場の生産性向上はありえないのです。

　このことを農林水産省の食品産業戦略会議や全国8ヶ所の食品産業生産性向上フォーラム等で訴えてきました。食品工場特有の要因とは①食

品製造業の保守的体質、②経営工学と生産技術への不理解、そして③バッチ生産や脈流生産等の食品製造業の特異な製造特性が食品工場の効率化を阻害している、です。①、②については食品製造業の成り立ちに関わる点が多く、前著「食品工場の生産性2倍」にその状況を書きました。本著で述べる③食品製造業の特異な製造特性による障害を克服するために必須の技術こそがまさに生産技術であると考えています。自動化やロボット等導入の成果を上げる為には、多品種少量生産やバッチによる脈流生産から可能な限り1個流しや安定したタクトタイムの整流生産ができるように、工場の生産技術力を用いて食品生産工程を改善しなければならないのです。

　皆さんにとって恐らく「生産技術」という言葉は余り馴染みのないものではないでしょうか。著者も生産技術という言葉をはじめて意識したのは、食品企業から電機企業に移ってからだったと記憶しています。その企業では生産技術という言葉は日常的に使用されていました。その「生産技術」とは辞書的には生産工程に関わる技術で、開発部門で開発された製品を製造する際、生産をより効率的に行う為に必須で重要な技術とされています。たとえ開発段階でどんなに魅力的な新製品が開発されても、高品質な製品を工場で採算が合うように、効率良く生産できなければ経営的に成り立ちません。また生産開始後も生産設備などの改善は永遠に続けなければならず、生産技術はこれらの改善活動を支える技術でもあります。このように生産技術は効率的生産をする企業経営に必須な技術なのです。

　ところが量産に必須な技術であるにも関わらず、生産技術の書物は案外と少なく、あっても自動車や電機等のディスクリート生産を前提としたものです。プロセス型製造業の生産技術に関するものは見当たりません。まして食品のようなレオロジカルな不安定な物性の物質を原料とし、バッチ・プロセス生産における生産技術について記述したものは著者の知る限りありません。そのため生産性向上に悩む食品工場の為に食品工場で活用できる生産技術の本を書く必要を強く感じていました。

食品工場において生産技術の考え方や活用は自動化やロボット導入に必要な生産ライン改善に必須な前提条件です。しかし当事者である多くの食品工場では生産技術の理解もまた組織の確立も含めてその実力が現実的に不足しています。

　また、他方ロボット導入を支援する側のSIer＊には、食品製造に関する現場の技術的知識が不足しています。生産技術力の不足している食品工場と食品製造に関する知識の不足しているSIerとの関係の現状を踏まえて、両者の溝を埋める必要があると思い本書を書くことにしました。

　生産技術といえば機械や電気の知識や技能が思い浮かびますが、本書ではプロセス型製造業である食品生産に必須な食品化学工学についても述べてみました。

　また、この食品化学工学に基づく、物質やエネルギーの物理的変化・伝播における反応、分離・生成、蒸留・抽出、吸収、吸着、膜分離、乾燥、再結晶、熱や運動量の増減、混合、粉砕、沪過等の単位操作の組み合わせで食品製造工程は成り立っているので、この単位操作を理解することで当事者である食品工場の生産技術力を増強するとともに、支援する側のSIerに食品製造に関する知識を補填してもらい両者の間の溝を浅くし、相互に理解し合い人手不足解消を目指すラインの新設・改良あるいは自動化・ロボット導入を促進させることができるのではないかと考えています。本書が食品工場の生産性向上に少しでも貢献できれば幸甚です。どうぞご活用下さい。

2020年8月

弘中泰雅

＊ SIer：システムインテグレーション（SI）を行う業者でシステム構築の際、顧客の業務を把握分析し、課題解決するシステムの企画・構築・運用支援等の業務を請け負う。

第Ⅲ章　食品製造の生産技術を支える食品化学工学の要点

第Ⅳ章 食品製造の生産技術を支える単位操作の要点

第Ⅴ章　開発から量産化への流れと生産技術

第Ⅵ章　生産技術的改善事例

第 I 章

食品工場の生産技術とは

I-1 　生産技術とは

　物品の生産であるモノづくりとは、一般的に原料・材料・部品等の価値の低いモノを買い手の求める高価値のモノに変えることである。技術とは物事を巧みに行なう技であり、科学を応用し事物を改変・加工することにより、それを生活に役立てるための技である。数ある技術の中で生産（モノづくり）に必須な技術は製品技術と生産技術である。

　一つ目の製品技術とは「どのようなモノを作るか」の視点から技術全般を扱い、生産技術は「どのように作るか」の視点で技術全般を扱っている。即ち生産技術とは製品を効率的・経済的に生産するために必要な技術であり、製品の競争力に必須の品質（Q）、コスト（C）、納期（D）の条件を満たしつつ、安全に配慮して円滑に生産することにより企業利益を生み出す為の生産に関する技術体系である。

　つまり生産技術とは①製品を生産するために生産工程及び生産設備や工具や冶具などを開発設計作製して生産システムを構築することと、②生産活動を維持し、改善して効率的・経済的なモノづくりを推進するための生産に関する仕組み作りや技術のことである。

　生産技術には通常機械工学や電気工学、生産システム工学、経営工学などの工学的学識のほか、モノづくりに広く関わる広範な生産に関する実践的な実務上の技術が求められる。化学工業に類似のプロセス型の製造業である食品製造ではこれらに加えて（食品）化学工学の知識が必要になる。

　昨今の厳しい企業間競争において、製品の機能（食品であれば例えば味の良し悪しなど）を落とさずに、顧客の要求する品質の製品を効率的・経済的に生産して、製造コストを低減しつつ短時間で作ることが求められている。このように各企業の生産技術力の差が製品のQCD（品質・コスト・納期）に影響を及ぼし、ひいては企業力の差となり企業間

の優劣が決まるのである。

　現在は食品企業においても企業間競争は国内だけではなくグローバル化しているので、市販されている生産設備を単に買い集めただけの生産システムによる生産では、他社との生産の差別化は困難になってきている。企業の生産技術力を生かして市販の生産設備を改良し、あるいは設備の内製化をして生産設備そのものを差別化することにより製品の差別化を行って競争力をつけなければならない。その為には食品製造における生産技術の根底となる食品化学工学の知識が必要になる。

　工場における生産活動を合理的に運営する為に必要な技術を一般に生産技術呼ぶが、この生産技術は3つの技術から成り立っている。

①1つ目は設計（開発）技術であり、これはどのような形状・機能など（品質）の製品を作るか決める技術で、基礎技術を基にしてデザイン（設計）を行うことである。

②2つ目は材料を加工して製品を作るための工作（加工）技術である。ある製品が設計される時どのような材料を使用し、どの機械でどの道具や冶具を使用して、どのような加工条件で作るのかを決定する技術である。これは工程設計と呼ばれる。設計技術と工作技術は純粋に工学的で、各製造業に特有な技術であるために固有技術とも呼ばれる。

③3つ目は量産おいて必要になる生産を効率的に行うための生産管理技術である。

　どんなに立派な設計技術と工作（加工）技術を持ち、すばらしい機械設備を持っていても、生産管理技術力が低ければ製品の製造原価は高くなり、納期が間に合わないなどの事態に陥ってしまう。生産管理技術に含まれる1つとして設備改善などに必要な工作（加工）技術がある。この技術は生産性向上や品質の向上などの製造設備の改善に必要であり、組立型製造業だけではなく食品化学工学を必要とするプロセス型製造業の食品工場においても然りである。

　製品を作る時には幾つかの方法があるが、それらの方法のうちからQuality（品質）・Cost（コスト）・Delivery（納期）・Flexibility（柔軟

性）のQCDFの条件を考慮して、もっとも条件に叶った方法を選択するかあるいは調整して実施しなければならない。これは新製品の生産に当っては工程設計に相当する技術である。ところで昨今では商品のライフサイクルは短くなっており、新製品投入のサイクルは短くなるばかりである。そのためまったくの新製品ではなくともマイナーチェンジも含めて、ラインの改変や改造の実施が頻繁に必要となっている現実がある。工程設計とはこのような場合のラインの工学的改変や調整を行う技術でもある。

　もう1つの手法は生産を行う際に分業の方法を決定し、作業者や機械設備の配置を決め、何をいつどのように生産するかを計画した上で、作業現場の管理を行うことによって所定のQCDFの条件を満足するように生産を統制することは管理技術の中に含まれており、これは経営工学あるいはIE（インダストリアル・エンジニアリング）と呼ばれている。

　これまで取り上げた設計技術、工作技術、管理技術を合わせて生産技術とする考え方もあるが、多くのメーカーにある生産技術部門の役割の実態から考えると、生産技術とは工場の生産管理技術の中のIEを除いた工学的技術的な部分を指すであろう。すなわち生産技術部門の役割としては、設計から要求されている品質や性能、加工上の特性を理解した上で、加工方法、所有する機械設備の仕様や性能、作業者の技能、材料特性などを考慮し、作業者・機械設備・原材料の有効活用をする生産方法を実現することである。

　すなわち生産技術は設計工程と生産工程とをうまく繋ぐことで、作り易く効率的に品質の良い製品を生産できる工程を設計するための技術である。現実には設計技術、工作技術、管理技術がオーバーラップして各工場の独自技術は構成されているので、生産技術を明確に定義することは難しいが、開発段階で狙った内容を製造工程に織り込んで、市場の要求に合わせ安定的な生産のために活用される実践的な要素技術である。

I-1-1　生産技術の種類

　生産技術に用いる固有技術と一言で言っても実際には極めて幅広く、開発段階の工程設計、生産段階の生産性向上のための作業改善に伴う設備改善、作業者の負担を減じる改良などもあり、元々幅広い領域をカバーする技術なので必要とする固有技術も当然幅広くなるわけである。

　通常固有技術はハードウエアとソフトウエアに分類することができる。ハードウエアとは元々金物という意味で、例えばコンピュータでは機械である計算機自体を指している。ソフトウエアとはコンピュータのプログラムを抽象的に捉える呼称であり、コンピュータの運用に関する手順や処理する情報も含められる。コンピュータはソフトウエアがなければただの箱であり、ソフトウエアもコンピュータというハードウエアがなければまったく運用できず役にたたない。このように両者は分離できない関係にあり、コンピュータを含む生産設備においても同様な関係があり、そのためにハードウエアとソフトウエアは切り離して考えることはできない。

　コンピュータと同様に、どのようにりっぱな機械設備を備えていても、必要な基本的な技術がなければ製品化し効率的に生産することはできない。これらの基本的な技術を基盤技術、固有技術、要素技術と呼ぶ。基盤技術とは国民経済及び国民生活の基盤の強化に相当程度寄与する技術のことであり、固有技術とは特定の企業の事業の柱になっている技術を指し、要素技術とは特定の製品やシステムを開発・生産または運用するのに必要なそれぞれの基本的な技術を指す。

I-1-2　モノづくりの基盤技術

　モノづくりに関して政令で定められている国民経済及び国民生活強化に寄与する基盤技術としては次のものがある。

①設計に係る技術
②圧縮成型、押出成型、空気噴射による加工、射出成型、鍛造、鋳造及

びプレス加工に係る技術

③圧延、伸線及び引抜きに係る技術

④研磨、裁断、切削及び表面処理に係る技術

⑤整毛及び紡績に係る技術

⑥製織、剪毛及び編成に係る技術

⑦縫製に係る技術

⑧染色に係る技術

⑨粉砕に係る技術

⑩抄紙に係る技術

⑪製版に係る技術

⑫分離に係る技術

⑬洗浄に係る技術

⑭熱処理に係る技術

⑮溶接に係る技術

⑯溶融に係る技術

⑰塗装及びめっきに係る技術

⑱精製に係る技術

⑲加水分解及び電気分解に係る技術

⑳発酵に係る技術

㉑重合に係る技術

㉒真空の維持に係る技術

㉓取巻きに係る技術

㉔製造過程の管理に係る技術

㉕機械器具の修理及び調整に係る技術

㉖非破壊検査及び物性の測定に係る技術

I-1-3　固有技術・要素技術

　生産する製品によって当然必要とされる固有技術や基盤技術は異なり、その運用の上手下手が工場の能力や企業力の差となって現れる。新

規製品の開発や改良、コストダウン、作業性向上、品質向上などに求められる生産技術の中の固有技術や要素技術としてのハードウエア技術には、素材加工技術、加工技術、自動化技術、自働化技術、工程設計技術、計測技術、自動検査技術、保全技術、監視システム、機械整備管理、工程変更技術、工程分析、工程解析技術、FMEA、マテハン技術、環境対応技術、省エネ技術、労働環境改善などの多くの技術があり、ソフトウエア技術としては、システム開発、システム運用技術、ネットワーク技術、生産管理システム、在庫管理システム、SQC＊、TQC＊、電子取引システムなどがある。

　生産技術は設計開発から工程設計、生産準備、生産開始、維持管理、品質対策・向上、コスト管理、生産終了までの、すべての生産活動の期間に直接的・間接的に使用される技術である。生産技術は大まかには狙いの品質の転写技術及び転写技術のシステム構築、維持向上技術に分類できるが、生産の各段階において必要な固有技術・要素技術が適宜活用される。

Ⅰ-1-4　生産方式と生産技術

　顧客の発注や必要に応じて見込みの受注量や納期までのリードタイムの条件によってメーカーは生産方式を判断する。生産する製品の量や種類や納期により工程のレイアウトを決めるが、大抵は①製品別レイアウト、②グループ別レイアウト、③機能別レイアウトの何れかを選択することになる。工程のレイアウトは生産方式だけでなく、工場組織にも影響を与える。

　1）**製品別レイアウト**は単一製品や一部変更品専用ラインである。フローショップ型とも呼ばれ単一製品の大量生産に適している。管理は比較的簡単で作業効率は上げやすいが、特定の製品の専用ラインであるために転用が難しいので、生産量や設備に多額の資金が必要な場合は設備

＊ SQC：統計的品質管理。
＊ TQC：統合的品質管理、全社的品質管理。

償却の可能性を充分に検討しておかないと、回収ができず取り返しがつかないことになる。自動車生産ラインは専用ラインであるが、最近では複数の車種を流せるように工夫をしている。食品製造業においては製品別レイアウトとして代表的なものには、例えば食パンの専用ライン・豆腐自動製造ラインがこれに当たる。

　2）**グループ別レイアウト**は類似の製品をまとめて生産する方式である。多品種の製品の生産を可能にするためには、生産ラインに柔軟性が求められるので運用には相当な生産技術力が求められる。生産技術力の差がラインの生産性の差になって現れる。グループ別レイアウトでは生産製品の切替時に装置の付属品や治具の切替や材料・部品の交換が必要で、いかに短時間に間違いなく行えるかが要求される上に、切替後の品質の安定も重要である。

　加工型の食品製造業では多品種少量生産が多く、そのためにこのタイプのラインが多く、切替時間の短縮と製品毎の品質の安定が求められる。最近ではマーケットの要求により製品に一層のバリエーションが求められるので、様々な形態の製品を作らざるを得なくなっている。ラインにいかに柔軟性を持たせられるかが問われており、菓子パン・ペストリーのラインなどはその柔軟性を求められる典型的なラインである。

　3）**機能別レイアウト**はジョブショップ型とも呼ばれ汎用性が高く様々な製品に対応できる。このために製品の種類が多く、ロットが少ない生産にはこのタイプが用いられる。食品工場では例えば装置の機能によってミキサーあるいはオーブンを一部屋に集めて機能別に管理する方法である。組織的には仕込みの係長とか焼成の主任とか機能別に管理されており、生産の流れによって組織が作られていない例である。「生産は流れ」であるとの考え方だと組織はライン別に作られるべきだと思うが、このような機能別配置だと機能毎の局所最適が行われやすく全体最適によるリードタイムの短縮などに弊害が出やすい。

　工場の組織が製品別ライン別の組織か、生産機械の機能別な組織であるかは生産の捉え方の反映という見方もできる。

I-1-5　生産技術の役割

　生産技術の役割はすでに述べたように、新製品立上げの準備段階では狙いの品質を目指すための製法の改変や装置の改善をすることであり、生産段階では製造工程と付随工程に対して、許容できる製造原価と品質保持の最小コストなど制約条件内で狙いの品質を実現するために実施する技術のことである。これらに加えて労働安全や環境保全に関する遵守事項や法規制やISOなどの規定遵守の為などの技術的支援の役割もある。例えば安全装置を生産装置に組み込んだりする等である。

I-1-5-1　担当技術者の役割

　設計担当者にとり開発対象の製品の品質特性を理解することは何よりも重要である。どのような仕様のどのような製品を作るのかよく理解しないままで製品の開発に取り掛かってはならない。同時に経済的生産を行うために材料特性、加工方法、生産方式や材料原価や加工コストなどの様々な条件についても理解し熟考しなければならない。どんなに素晴らしい製品を開発してもコストが掛り過ぎていれば生産を開始することはできないからである。

　工作（加工）技術担当者は、開発時の設計（狙いの）品質の実現の為には適切な加工法を研究し、製品の設計（開発）者に対しては加工の面から意見や助言を行なわねばならない。また生産管理の担当者と協力して合理的な生産方式を開発することも必要である。具体的には要求条件であるQ.C.Dを満足するために、もっとも適当な加工法の選択、分業の方式、作業者の組織化、機械の配置、ワーク*の流し方（5W1H）等をこの製品を担当する全員で協力して決定しておかなければならない。

　生産管理担当者は、開発部門から要求されている製品の品質や特色、加工上の特性などを理解してから、加工方法、自工場の設備の性能、従業員の技量、材料特性を充分に認識した上で、人、機械設備、材料等を

＊ワーク：元々は機械加工分野における工作機械の加工対象物。

最大限活用できる生産方式を選択しなければならない。生産管理部門は
IE的な作業管理や納期管理のための工程管理を行なう部門であり、生
産技術部門は固有の生産技術を取り扱う部署であり、現場の生産システ
ム全体を改善する分野は製造技術と呼ぶが、この製造技術も生産技術に
含めることもある。

I-1-5-2　生産技術と製造技術

　今まで述べてきたように、生産技術は設計された物の生産着手のため
に生産システムを準備し、競争力のある生産システムを作る工法や手順
など生産全般をカバーする技術体系であり、具体例としては工程計画、
工程設計、設備や冶工具選定、部品や原料の調達、標準作業等の広範な
領域の作業条件設定等の生産システム構築に関する技術体系である。

　製造技術は現有している4M（人・物・機械・方法）及び生産システム
をいかに効率よく働かせ、生産している製品のQCDを維持向上させ
るための技術の体系である。つまり製造技術とは製品のQCDを向上す
るために生産の4Mを使いこなすための技術の総称である。

I-1-5-3　生産技術とQCDの関係

　企業が利益を上げるには当然のごとくQCD管理が必要になる。QCD
管理と生産技術の関係においては、まず品質管理として不良の低減を図
らなければならないが、不良低減対策としては機械設備が常に正常に稼
動することが第一の前提である。これこそが生産技術の使命の中でもっ
とも重要な点である事は生産に携わる者であれば容易に理解できる。ま
た不良品が出れば企業の大きな損失になるので、これを防ぐ為の不良流
出対策として検査設備等の保守は極めて重要であり、生産技術担当者は
これも生産技術の守備範囲である事を忘れてはならない。

　原価管理では原材料の歩留まり向上とともに機械設備の性能を発揮さ
せる正常運転が何よりも重要である。なぜなら機械設備の可動率は生産
性を左右し、当然コストに直接影響するからである。納期に関しても機

械設備が順調に稼動できなければ生産が遅れ、生産遅れは結果として納期遅れになり顧客に迷惑をかける事になる。このように企業の生産技術レベルは工場の可働率に影響し、それは生産性を左右し、結果として企業利益に直接関係するQCDに直接大きな影響を与えるのである。

I-2　食品工場の生産特性と生産技術

　食品工場の製品である食品は商品としてのライフサイクルが他の工業商品と比べてかなり短い。なぜなら食品はもっとも消費者に近い商品の一つであり、消費者は常に新しい商品を求めるために食品企業は消費者のその要求に答えるべく多数の新製品を投入し、あるいは頻繁に既存商品の改廃を行わなければならない。食品工場はこれらの新製品あるいは既存製品の改変（リニューアル）にその都度対応して生産を続けざるを得ないので、生産条件は変化しかつ複雑にならざるを得ない。マーケットの要求が食品工場の生産状態を複雑にしているのである。

　このような事情から食品工場の生産ラインには頻繁な工程変化に対応することが求められ、この頻繁な工程変化に順応するために生産工程は柔軟性（Flexibility）が求められる。要求されるフレキシブルな生産に食品工場が対応するには、柔軟性のあるラインを維持するための生産技術の活用が鍵になる。バッチ型生産型*の食品生産は、自動車や電機のようなディスクリート型*の組み立て型生産でよく行なわれる1個流しは難しく、そのためバッチ型生産である食品生産に合い、かつそれぞれの食品製業に適した組み立て型製造業とは異なる食品製造業に適した生産技術の確立が必要になるのである。

　工場の生産の際に用いられる生産技術は略して生技と呼ばれることが多い。食品製造業以外の多くの製造業では生産技術を取り扱う部門が設置されていることが多いが、食品製造業では生産技術の必要性への理解が低いために、生産技術を取り扱う部署の設置の例が極めて少ない。こ

---

*バッチ型生産：何らかの目的のもとにひとまとまりにされた有形物のグループ毎の生産。

*ディスクリート型生産：ディスクリート製造の代表的な業界は自動車製造や電子製品製造で、どちらも機械部品という「個体」を組み合わせて製造し、個体を主に扱うのがディスクリート製造となる。

　の事実から食品製造業は生産技術の必要性を見過ごしてきたと言える。製品の効率的生産にとって必須の生産技術を軽視してきた為に、食品製造業の生産性が低迷するのは当然であるとも言える。

　逆に考えれば生産技術力を向上させることによって食品製造業の生産性はもっと向上できるはずである。

　プロセス型食品の多くの製品は製品を開発する製品設計（製品開発）と生産設備を開発する工程設計（製法）を明確に分離できないあるいはされていない事が多い、このため食品製造業では製品設計と工程設計を曖昧に行っていることが多い。

　例えば試験室で少量の試験生産したものを、工場での量産試作（中量）を経て、本（大量）生産というように生産量を増加させていく時、試作段階の少量生産では設計品質を実現できていたものが、同じ配合条件・工程条件であっても本（量産）生産では設備が異なるために設計品質の再現ができないことは多々ある。即ち設備の違いだけでなくバッチサイズの違いが製品品質に及ぼす点が、プロセス型製造業である食品製造の難しい点であり、生産技術が必要な点でもある。生産規模の拡大で起きる問題は一般にスケールアップ問題と呼ばれるが、この生産規模拡大に事前に対応しておけば、量産で発生する問題の多くは回避できるはずである。

　大量生産に適合させる為に、製品の配合や工程条件を変更する必要が生じることがある。生産条件を調整することは製品設計から工程設計の移行において、量産品の品質を設計品質に適合させる問題解決策であり、その対応能力こそが生産技術能力なのである。設計品質を実現するために工程設計時に生産技術のアイデアを探索し、量産工程に適合する生産条件をシミュレーションしながら実施する技術能力なのである。食品製造業においてもこのように生産技術は極めて重要であることはご理解いただけたと思う。

「作り込む品質*」という言葉があるように、開発部門の生産段階に対する配慮の重要性が要求されているのである。即ち開発段階においても作り易さを念頭に入れて製品を開発しなければならない。開発部門は開発だけが職務であって、開発が済んだら製品を流す（生産）のは製造の責任だというようなスタンスの企業に残念ながら時折遭遇する。効率的に生産できる製品を開発部門が開発しなければ、大量生産時に製造現場は生産性向上ができないことを忘れないで頂きたい。

I-2-1　高い生産技術力は開発を助ける

作り易い製品を開発することはもちろん大切であるが、逆に生産技術力によって生産工程で多少の作り辛さを克服できるならば、製品開発を助けることになるので広範な設計ができるようになる。一般的には開発段階では生産時の制約を考えて製品開発しなければならないが、生産技術力があれば製品開発段階での妥協が少なくなり、多少の技術的障害があっても生産技術力で乗り越えることが可能になり、より魅力ある製品を設計することができるので製品開発の自由度を上げることができる。このように生産技術は単に現場サイドだけのものでなく、開発部門にとっても大いに関係するのである。

合理的な工程設計をするには生産部門だけでなく、食品工場では工務とか設備と呼ばれることの多いエンジニアリング部門の協力が無ければ実現できない。なぜなら工程設計で考えられた生産工程の新規設備を現場で実現するのはエンジニアリング部門だからである。効率的な生産のための改善には前述のように生産部門が主体となる作業改善の部分と、エンジニアリング部門による機械設備改善による改善があるが、多くの場合それぞれの改善を単独で実現できることは少なく、相互補完し合う事で実現できるのである。

このように考えれば生産性向上のための生産技術はエンジニアリング

＊作り込む品質：従来の製品の品質に加えて、生産する工程の品質、設計・企画の品質にまで拡大。

部門の活動によって支えられていると言えるし、設備の稼動率向上も含めて工場の生産性向上はエンジニアリング部門の下支えがあってこそ成り立っていると言える。その他産業用ロボット導入をはじめとする自動化などの機械化も、エンジニアリング部門が率先して行わなければならない。このように生産技術に関わるエンジニアリング部門の占める比率は極めて大きい。

　昨今の日本は人手不足に陥っており、食品製造業ももちろん例外ではない。今日の人手不足の現状の中で労働集約型の食品製造業はできるだけ自動化やロボット導入など人手不足に対応する方策をとらねばならない。その点においてもそれらの対策を主導する生産技術部門は極めて重要である。

　最近は消費者の食品衛生への関心が極めて高く、食品企業には他の製造業にはほとんどない食品衛生への対応という負荷が追加されている。例えば工場に入場する時の手洗いや粘着テープ（コロコロ）によるホコリの除去やエアートンネルによる除塵などの食品衛生ルーチンも相当の時間を要し、純粋の生産時間ではないが非付加価値労働として当然労働時間に含まれるので、これらのルーチンは生産性低下の原因になっている。実際食品衛生ルーチンは作業者の勤務時間の10〜15%に及ぶ場合がある。消費者の過剰とも思える食品衛生への要求の高まりによって、流通業者から食品メーカーに全品検査などが求められ、これが無視できない非付加価値作業工数の増加になり結果的に生産性低下の原因になっている。

　食品衛生水準維持あるいは向上の為の要求によるルーチン作業動作の改変は品質管理部門の指導の下で行われることが多いであろう。その為この時間が生産性低下の原因になっている事を品質管理部門は認識しなければならない。これらの動作は非付加価値作業であり、現実的に労働時間増加の原因になるので、食品衛生水準を維持しつつ、どうすれば食品衛生の作業工数を低減することができるか考えなければならない。

　また本来の品質管理の面からも合理的な品質水準とその品質管理基準

の運用について、品質管理部門も生産技術的発想で過剰の稼働時間が発生しないようにしなければ食品工場の生産性向上は実現できない。品質管理部門はどうすれば時間を掛けずに食品衛生の水準、品質管理の水準を維持できるかと常に考える必要がある。

　QCD向上のために生産技術が活用される時、ラインである製造部門とスタッフである開発部門、エンジニアリング部門、品質管理部門が一丸となり生産性向上に対して努力しなければならない。これらの部門が適切な技量を保持しかつ良好なチームワークを維持することで、生産現場において生産技術力が発揮され、はじめて食品工場の生産性向上が実現できるのである。

　食品製造業の生産性は製造業平均の約60％しかなく、その結果平均の一人当たり給与もそれ相応しかないのが現実であることを忘れてはならない。食品企業に関わる人々はこの現実を肝に命じて生産性向上に努めねばならない。なぜならば一人当たりの付加価値額の向上によって食品製造業の皆さん一人一人の収入が増加し、経済的生活を向上できるからである。

I-2-2　食品工場の生産技術力不足がスケールメリットを縮小する

　多くの製造業において工場規模が大きくなれば機械設備の導入が進み装備率は一般的に高くなる傾向にある。著者の経験からも、食品工場においても規模の小さい工場よりは規模の大きな工場の方が機械設備の導入率は上がっている。そして機械装置の導入が進む機械装備率の高い大きな工場ほど当然生産性は向上しているはずである。その前提に立って前著に示した図1の各製造業別の従業員数による工場規模別の生産性を比較してみると、食品製造業でも大きな工場になるほど生産性は向上している。しかし食品製造業では零細工場に対して大工場の生産性の倍率は約2倍に過ぎない。ところが他の製造業をみると零細工場に対する大工場の倍率は3〜4倍程度はある。すべての製造業の工場を含んだ全製造業でもやはり3.5倍程度になっている。

　多くの製造業では工場規模の拡大に対し、生産性はほぼ比例するように向上している。ところが食品製造業では200人以上の工場ではなぜか生産性の上昇が停滞している。この現象は食品製造業が工場規模の拡大や機械化された工場の運営を苦手にしている何よりの証ではないだろうか。その原因としては食品工場のIE、例えばトヨタ生産方式への取り組みが不足し、工務、保全、設備、生技などと呼ばれるエンジニアリング部門の組織の不整備、知識や技能不足による生産技術力の不足が考えられる。食品工場の中には生産技術に無関心で軽んじている企業さえもある。工場の生産性向上には生産技術力が必須なので、早急に各社とも生産技術力を増強しなければならない。

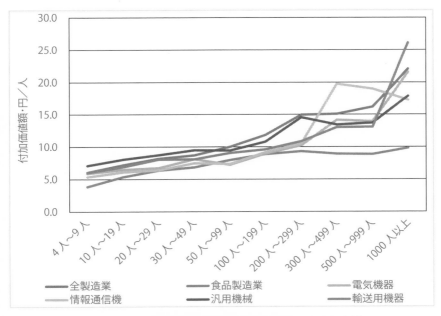

図表1-1　業種別従業員数工場規模別による生産性

第 II 章

食品製造業の生産の特徴と低生産性の原因

Ⅱ-1　日本の食品製造業が低生産性に至った原因

　これまで著書や講演で繰り返し述べてきたように、食品製造業の生産性は製造業平均の生産性の約60％しかなく、特に食品製造業の過半を占めるプロセス（加工）型食品製造業の生産性は製造業平均の約50％しかない。これは食品製造業関係者にとって大きな課題であるばかりではなく、人手不足の現在の日本にとっては食品製造業がこのように労働力を浪費していることは大きな問題である。

　このような大問題の解決あるいは改善するためには、食品製造業がなぜそのような状況に陥ったか、その陥った原因を掴むことが何より必要であると考えている。なぜなら問題の本質を認識しその原因を分析した上で、それぞれの起きている問題の原因に対して解決のための対応策を打たなければ、真の解決には至らないからである。現時点で著者は食品製造業が低生産性に至った原因として、大きく二つに分けられると考えている。

Ⅱ-1-1　低生産性に至った歴史的要因

　一つ目は前著「食品工場の生産性2倍」に述べたように、食品製造業が通ってきた歴史的な経緯を原因として起きたものだと考えている。まず明治時代以降、日本は産業の近代化のために多く策をほどこし、トヨタ生産方式などを生み出し、その生産性を向上させてきたが、食品製造業は新しい考え方、手法を直ちに取り入れる事ができず、生産管理の手法を取り入れることのできなかった。そのため生産性は低迷したままで現在に至ったのである（前著参照）。

　ちなみに現在進行中の産業改革はIE4.0と呼ばれコンピュータ制御された機械がインターネットなどネットワークを通じて運転されるIoTの時代である。電機や自動車などの製造業は積極的にIoTに取り組んでい

るが、生産技術力の不足している多くの食品製造企業においてはIE3.0
をこなし切れていないし、IoTなどまだまだ先であるのが現状である。
このままだといわば1周遅れの食品製造業の生産性は他の製造業から
益々引き離されてしまう恐れさえある。このようなことで食品製造業従
事者の生活水準は維持向上できるだろうか。

　食品製造業低迷のもう一つの要因として従事者の低賃金の問題があ
る。食品製造業が他の製造業に比較して生産性が劣っていなかった第2
次世界大戦直後の時代から食品製造業の給与水準は他の製造業と比べて
かなり低かった。労働者は現実問題として賃金を含めた労働条件を基に
就職先を選ぶのは当然であり、有能な労働者ほど好条件の職場に就職す
るので、低賃金が食品製造業の労働の質*を低下させと考えざるを得な
い。食品企業の低い労働の質が組織資産*形成を阻害したことにより
ITリテラシーを向上できずに、トヨタ生産方式の活用やIT化の推進な
どができなかったことも低生産性になった原因であると考えている。

Ⅱ-1-2　食品製造業の生産特性と組織がもたらす低生産性

　この他にも食品製造業の低生産性には大きな原因がある。それは食品
製造業の生産形態の持つ生産上の特性である。それはご存知の通り腐敗
しやすいとか傷みやすいといった食品独特の特徴を持つ事はもちろんで
はあるが、実は食品製造業の低生産性の理由はそれだけではない。自動
車や電機などの組み立て型製造業にはない生産が難しい条件をバッチ
型・プロセス型食品製造業は内包しているのである。

　ところが食品製造業の中でも製粉、製油、製糖、調味料などの素材
型・装置型の食品製造業は製造業平均の生産性よりも遥かに高く高生産
性食品製造業群と呼ばれる。この高生産性食品製造業群は製造業平均の

＊労働の質：性別・学歴・勤務年数・年齢階級によって労働者を区分し、属性別給与デー
　タベースより算出して作製した指標である。

＊組織資産：目に見えない企業価値である組織資産は、労働、資本などの有形投入要素量
　を用いて企業の生産関数推定を行い、有形資産投入で説明できない部分の価値と定義さ
　れる。

約1.5倍程度の生産性を示している。従って食品製造業の低生産性問題を考察する時には、これら高生産性の素材型・設備型食品製造業は食品製造業の低生産性問題の考察の外においた方がよい。高生産性の精糖や製粉などの食品製造業は工場の集中や自動化によって生産性向上を果たしてきたのである。精糖や製粉製造業などの体質転換の努力は称賛に値し、低生産性のプロセス型食品製造業も見習うべきである。

　素材型食品製造業では原料の性状が安定しているという面もある。素材型食品製造業の生産は1ライン・1日当たりの製品数が少なく、プロセス型食品製造業と比べて大方はロットサイズが大きく連続生産が行われている。そのため製品の生産切替回数・時間がプロセス型食品製造業、特に日配型プロセス型食品製造業に比べて極めて少なくなる。そのために素材型・装置型食品製造業は製品切替時間に要する時間が短くなり、実際の設備の運転時間（実稼動時間）の全稼働時間に占める割合はかなり高い。このように設備の運転時間に比べて停止時間の割合が短いために、労働時間は生産以外の非付加価値労働時間が短く付加価値時間が長くなり効率的である。またこれら素材型食品製造業の小麦粉や砂糖などの製品の保存性は概して高く、計画的なまとめ生産ができるために平準化＊生産が可能になり、日々の操業時間の安定を図ることができる。

　素材型・装置型の食品製造業の製品の多くは液体あるいは粉体などの流動体であるので加工装置間はパイプで結ばれている。そのため装置やパイプ内部の清掃は現実的に頻繁にできないので、製品切替えを極力少なくするように生産順に配慮している。製粉のような乾燥した粉体の加工装置は水による洗浄はできないので切替回数が少なくなるようにロットまとめをしている。例えば製粉工場では洗浄の替わりに次の材料で押出し置換して前後の製品の混入を防ぐという方策をとっている。製品切替え時に出る前と後の材料の混合物はラインから吐き出し、グルテンの

＊平準化：作業負荷を平均化させ、かつ前工程から引き取る部品の種類と量が平均化されるように生産する行為。

原料や餌料などの別途利用を行っている。このように素材型・設備型食品工場では食品工場に付き物の頻繁な洗浄作業を結果として行なわずに済んでいる。多くの素材型食品工場ではほとんどの作業に人手の介在が少なく、しかも装備化率が非常に高い特徴がある。このような理由から素材型・装置型の食品製造業はプロセス型日配食品製造業に比べて、投入労働量が少なく各段に生産性が高いのである。

　それに対してプロセス型食品製造業は概して1ライン・1日当たりの生産製品の種類が多く、特に日配型の食品製造業の場合は製品の保存性が低いものが多く、多品種で短納期である事もありまとめ生産ができないためにバッチ数が多くなり生産中に切替が多発してしまう。しかもバッチ生産特有の生産と停止を繰り返す脈流生産になりがちで、生産設備のアイドリングタイム即ち設備停止時間が工場稼働時間のうち相当の割合を占めてしまい、プロセス型の食品製造業は低稼働率になってしまう。

　プロセス型食品製造業の工場自動化の遅れにはこの他にも幾つかの理由がある。まず食品製造業では食品材料の物性は組立型製造業の材料や部品と比べて不安定でレオロジカルな特性を持ち機械的に取り扱いにくく、食品の品質評価は非破壊検査で行うことが困難というような食品の特性のために品質評価を自動化しにくい事情がある。

　食品製造には長い歴史があり加工理論よりも職人の経験と勘によって支えられてきたため、食品製造を客観的科学的に捉えるのが遅れてしまい、工学的な生産技術を必要とする自動化を取り入れることが難しかった。パンや畜肉加工などの外来の食品は欧米からの製造技術の移入に伴って加工機械が海外からもたらされ、その後それぞれの食品製造業に特化してそれらの機械をコピーする専業機械メーカーが沢山できた。また現在でも特殊な機械は欧米の機械を優れたものとする風潮はないとは言えない。各食品製造業には夫々の食品に特化した食品製造機械メーカーが数社から数十社存在している。このような専業食品機械メーカーはこれまでそれぞれの食品製造業の発展に尽くしたが、反面ほとんどの

食品メーカーはこれらの専業機械メーカーに頼り製造技術あるいは生産技術を委ねてしまい、結果として多くの食品製造業は社内の生産技術力を弱めてしまった可能性がある。

　組立型製造業では生産技術部署を企業内に有するのは普通であるが、プロセス型中小食品メーカーでは生産技術部署を持っている企業は少ない現実がある。仮に名称として生産技術の名を冠した組織が存在していても主な業務は修理などの保守と専業製造機械の選定や専業メーカーの行う作業の支援に留まっている例が多い。戦略的に製造設備の開発や生産設備の生産効率を上げるためのラインの改造など生産技術本来の業務を行っている例は少ない。プロセス型中小食品メーカーの多くは製造技術あるいは生産技術を専業機械メーカーに委ねてしまった為に各社が持つべき生産技術力を喪失してしまっている現実がある。このような低い生産技術力が食品工場の自動化を阻害してきたと言えなくもない。

　なぜなら本来の工場自動化はライン全体の自動運転を目指すものであるが、専業製造機械メーカーは特定工程の機械メーカーであることが多いから、特定機械の改良しかできないあるいは引き受けないのである。反面ライン全体の構築を目指すシステムインテグレーター（SIer）は特定業種の製造技術あるいは生産技術を持っていないことが多く、固有の製造技術や生産技術を失ってしまったプロセス型中小食品企業と単に組んで工場自動化の促進がうまくいくとは考えられない。ところが食品製造業の生産性向上の面から一番に工場自動化を推進しなければならないのは、生産技術力不足のプロセス（加工）型食品製造業なのである。

　したがって食品製造業の低生産性については本著ではプロセス型食品製造業の生産特性に由来する低生産性の問題に集中して取り組む事にした。そのためプロセス型食品の製造工程を理解していただくために代表的なプロセス型食品製造業の製造工程図を末尾の付録に示した。

　これらのプロセス型食品製造業の製造工程図を見ると、工程図で概ね共通しているのは仕込み・混合・混捏・ミキシング・ニーディングと呼ばれる工程で、名称は様々であっても製造工程の初期にバッチによって

混合が行われる工程である。生産がバッチ*単位で開始されるという事は生産が塊で行われることでありかつ断続的になるという事になる。即ち工場の操業時間のうち工程単位の操業状態を見れば生産している時間帯とバッチ間および製品の切替による停止（生産していない時間帯）の繰り返しによって工場は操業されていることがわかる。生産品種が多品種になればなる程、生産する品種数に応じて当然切替回数が増えることになり、ますます合計の停止時間は長くなってしまう。これは即ち工場操業時間に占める停止時間の比率が上がることを意味するのである。

　付録工程図を見るとほとんどのプロセス型食品製造業の製品はバッチ仕込みによるフローショップ*で生産されている。製品毎の生産ロットサイズ（ボリューム）、例えばミキサーなどの仕込み装置の生産許容容量に比べて等量あるいは少なければ1ロットが1バッチであるが、多ければ1ロットは当然複数バッチに増える。プロセス型フローショップで生産される食品はロットあるいはバッチごとに一塊りになるために、ロットサイズが仕込み装置の許容量より大きい時にはバッチ数は益々増加し、バッチ生産に伴う塊によって益々断続生産もしくは脈流生産による波は多くなってしまう。逆の場合もある、もしもロットサイズが仕込み装置の最小処理量よりも小さい場合は仕込み装置は処理ができないので、ロットサイズを仕込み装置の最小処理量まで増やすこともある。この場合注文数よりも多い数を生産することになるので、過剰分の生地もしくはそれを加工した場合は製品が無駄になる。

　このようにラインの操業時間（主作業のほかに、付随作業、準備作業と後始末作業を含む）中には、実稼働（実際に生産に寄与している状態）時間と非実働（生産をしていない状態で付随作業、準備作業と後始末作業等を含む）時間が交互に存在していることになる。しかもロット

＊バッチ（回分式）：何らかの目的のもとに、ひとまとまりにされた有形物のグループであり、購買・発注、製造、検査、販売のプロセスの中で使用される用語。ミキサーなどの一捏ね、オーブンなどの一窯がこれに相当する。他に情報処理で使用される用語もある。
＊フローショップ：すべての仕事（ジョブ）について、機械設備や装置の利用順序が同一である工場あるいは生産形態をさす。

サイズがバッチサイズの整数倍であればよいが現実には端数のバッチが発生することになる。するとバッチ毎の処理時間に不揃いが起こる。例えば端数バッチの場合仕込み装置の所要時間が生産物によって変わる場合もあれば変わらない場合もある。仮に仕込み装置で処理時間が変わらなくても量が少ないときには次の工程が短時間で終わることもある。このようなことが安定した生産速度に変調を起こし、生産に波が発生し生産のリズムを壊す原因になり、この乱れた脈流が生産性の低下を益々大きくする。

このようなことからプロセス型フローショップ製造業では、思いの外稼働時間中の非実働時間が長いのである。稼働時間中の実働時間を実働時間比率とすると、プロセス型食品製造業の中でもっとも装備化が進んでいる食品製造業の一つがパン製造業であるが、今まで見てきた製パン工場の多くは食パンラインで実働時間比率は70〜80%程度であり、菓子パンラインで60〜70%くらいであろう。もちろん中にはこれを上回るラインもあるかもしれないが、これよりも実働時間比率のもっと低いラインも多く存在しているであろう。

単に実働時間の時間比率でみれば良好な稼働状態にあるように見える場合でも、もっとも生産性の低い工程即ちボトルネック*工程の能力に合わせた為に、減速した稼働をするので100%の能力で稼働していない工程もある。このように時間の長さだけでなくラインの実際の稼働状態（所要能力に対する効率）の両面から見ると、食品製造のラインでは上記の例よりももっと低い例が多い。

ここで食品製造業の生産性は製造業平均の60%しかない事実を思い出してみると興味深いことがわかる。上述のように実動（稼働）比率が60〜70%であるので、ラインの実際に稼働している時間だけで生産性を製造業平均の生産性と比べると、食品製造業の生産性は製造業平均の生産性に匹敵していることになるのである。かつて筆者が所属した組立産

---

*ボトルネック：作業やシステム等で能力や容量等が低いまたは小さく、全体の能力や速度を限定する部分をさす。

業型の電機工場では1日の操業時間は7時間50分で、ラインの稼働時間のうちアンドン方式＊の考えに基づく問題発見の目標停止時間を30分に設定していた。この場合ラインの実働時間は7時間20分になり、実稼働時間比率は93.6％になるが、実際の生産ラインは多くの場合95％以上実稼働率があったように思う。しかも停止時間はただ停止時間ということではなく、トヨタ生産方式のアンドン方式の考えでは今後の解決すべき問題を見つける為の停止時間であり、ライン生産性はライン停止の回数と時間を改善の糧として上がっていく。発生した停止の原因を除くことによりラインの生産性は連続して向上していくのである。

　生産性の高い組立産業ではラインの実働比率は95％以上で100％近くになり、これに反してプロセス型の食品製造業のラインの実働比率は60〜70％しかない。このラインの実稼働比率の違いが組立型製造業とプロセス型食品製造業の生産性の差の原因であると言っても過言ではないのかもしれない。その為この事実を漫然と見逃すべきではない。即ちこのことは稼働中の効率向上だけでなく、むしろ食品製造業のラインでは非稼働時間の削減に取り組まなければならないことを示唆している。

＊アンドン方式：工場におけるベルトコンベアなどを用いた強制駆動型生産ラインの生産状態報告システム。

Ⅱ-2　食品製造業の実稼働率低下を招いている原因

　前節で書いたように、製造業平均の生産性に対する食品製造業の生産性が60%であり、プロセス型食品製造業の生産性はわずかに約50%程度である。食品製造業中で製造業平均よりもはるかに高い生産性を示す、素材型装置型食品製造業の実稼働時間率はロットサイズが大きく切替時間が短いために高くなる。この事が素材型装置型食品製造業の実稼働時間率をプロセス型食品製造業よりも遥かに高くしているのである。

　このように生産性と実稼働時間比率を比較してみると、プロセス型食品製造業の低生産性の最大の原因は長いライン停止時間、即ちその低い実稼働率にあると考えられる。この理屈に立てばプロセス型食品製造業の実稼働率が低くなっている原因の解明こそ、低生産の原因解明に直接結び付き、プロセス型食品製造業の生産性向上の対策を考える上での緒になるはずである。その低実稼働率原因と思われる要因を以下に挙げて考察したい。

Ⅱ-2-1　多品種少量生産

　プロセス型食品工場、特に日配のプロセス型食品工場の多くは、顧客の新製品の要求、短いシェルフライフ、短納期などの理由によって多品種少量生産を余儀なくされている。実際に1日に1ラインで10品を生産することは珍しくなく、20品以上を生産する工場も多くむしろこちらが多いくらいである。たとえ10品種であっても同じものを納期の関係で2回、3回と生産するような例もあるので、切替の面からは実質20品種、30品種生産している場合もある。1日当たりの生産製品数が10を越えることは例外ではなく、むしろそれよりも多い場合が多い。

　もしも1日1ラインあたり10品を生産すると切替は9回にも及び、仮に1回の切替に5分かかるとすると切替段取り時間の合計は45分にな

る。もしも1回当たり10分かかれば切替段取り時間の合計は90分になる。1日のラインの稼働時間が8時間即ち480分だとすると、段取り時間の占める比率はそれぞれ9.4%、18.8%になってしまう。この場合のラインの稼働率はそれぞれ90.6%、81.2%である。もしも10品の2回生産あるいは20品の生産を行う場合の切替段取り時間は20.8%にもなってしまう。この場合のラインの実稼働率は79.2%しかない。しかも切替時間が5分以内に収まる例は案外と少なく平均して10分程度かかる。

　切替時間が延長する原因として、例えば配合の異なる製品を生産する場合には、前の製品の材料その物が異物になってしまう事がある。例えばレーズンパンを生産した時に添加したレーズンは次のロットがプレーンな食パンであると、レーズンが安全な可食物であろうとプレーンの食パンにとっては異物になってしまうのである。それら異物になる可能性のある物を生産装置から取り除くためには念入りな清掃が必要になる、これが切替時間延長の原因になっている。しかも昨今ではアレルギー物質の製品間の移行が大きな問題になっており、例えば牛乳や卵などのアレルギー物質を材料として使用した場合、次のロットに移行しないように極めて念入りな洗浄、清掃を行わなければならないのである。

　このように多品種の単純な切替に加えて配合の違いが原因となる製造時間の延長によって、プロセス型食品製造業の過半を占める特に日配型プロセス型製造業の実稼働率の平均は実際のところ70%以下であるのが実情である。

　生産ラインの長い非稼働時間がプロセス型食品製造業の生産性低下の主要因であると言ってもよいだろうが他にも原因がある。特に取引の力関係によるものである。例えば1品の生産数（ロットサイズ）が相当に少ない受注であっても、取引の力関係により顧客から求められたら止める訳にもいかず、このような非効率な小ロット生産が生産性の低下を招いている側面も大きい。切替段取り時間を主原因とするラインの非稼働時間に、次節以降に述べる原因が重畳的に重なって食品製造ラインの非稼働時間率が増加し、結果として食品製造業の生産性は製造業平均の

60%、プロセス型食品製造業の生産性は50%まで低下しているのである。

II-2-2　バッチ（回分）型生産

　バッチ処理とは辞書的には一括処理をすることで、単一の設備においてある程度まとまった時間、あるいは単位操作ごとに処理を区切って、この区切りごとに原材料をまとめて投入する処理による生産方法のことを言う。仕込みに使うミキサーとか一定量を一度に窯に入れるオーブンやレトルト容器による加圧殺菌などはバッチ生産の典型である。トンネルオーブンなど連続して加工が行われるものは連続生産であり、バッチ生産ではない。

　実際に多くのプロセス型食品製造業の製品はバッチ型製造法で作られている。連続生産であれば単位時間当たり一定の量で安定的に生産されるので生産時間中に単位時間当たりの生産量の変動はほとんどないが、バッチ型の生産では一回の仕込みに所定の時間を要し、その周期的な所定時間ごとにミキサーのような一括処理装置から一まとめで排出されるために、断続的な塊生産となりこれが脈流生産の原因になっているのである。仕込み工程においてバッチ生産以外にエクスツルーダーを使用した膨化菓子のような連続生産の食品生産の例もあるが、プロセス型食品製造の生産においてこのような完全な連続生産は極めてまれであり、多くのプロセス型製造業の生産は断続的仕込みによる脈流生産に頼らざるを得ないのが現状である。

　バッチのサイズ（ミキサーなどの装置容量）が受注ロットサイズよりも大きければ受注ロットサイズと生産バッチサイズは同じになり、バッチサイズ（装置容量）が受注ロットサイズよりも小さければロットは分割されてバッチの数は複数になる。この場合は単一ロットの中に複数の仕込みによる塊が生じ、そのためにいわゆる断続的な生産になりその結果生産は複数の山をもつ脈流になる。断続的な脈流生産はミキサーのような仕込み装置だけで発生するのではなく、事例に挙げるように連続の

トンネルオーブンの排出装置によっても小さな脈流が起きることがある。トヨタ生産方式で推奨されている一個流しのように、ディスクリート生産では同じタクトで律速的に安定して1個ずつ生産することにより生産性を向上させるが、断続的な塊の団子生産では生産は断続的な脈流となり、単位時間当たりの生産数は不安定になってしまい生産速度に変化が生じ、結果的に生産効率が低下してしまうのである。

　バッチ生産による断続生産を原因とする団子生産は、例えばパンやケーキなどのミキサーや水産練り製品などの擂潰機やサイレントミキサーなど食品生産の工程の初期段階だけでなく、パンやケーキ生産の平窯やデッキオーブンや蒸し器（スチーマー）あるいは水産練り製品のバッチ処理のオーブンや蒸し器など、生産工程の中間段階でも塊の生産になり、先に挙げたオーブンの排出装置によっても脈流は発生する。このほかレトルトカレーや釜めしの具材などのレトルト製品の加熱殺菌を行うレトルト窯や、フリーズドライ食品のフリーズドライ圧力容器でも同様に一塊の生産となり、このような装置が脈流生産を発生させているのである。食品製造において1個流しのような一定の速度で生産できるようにするには、脈流の発生を抑制するようなラインに改善する必要がある。

　バッチ式オーブンやバッチ蒸し器ではない連続型のオーブンや蒸し器であっても、排出の機構により一度に排出される群れにより仕込みの塊より小さな塊が生じ、これにより小さな断続的な脈流生産になってしまう。例えば**図表2-1、2-2**のようにオーブンなどからの製品の排出が排出装置のバーなどによって一定の間隔で一度に排出されるので塊が生じるのである。連続式のオーブンの排出機構ではまとめて排出する構造になっている場合がむしろ多い。このように前工程では連続的にディスクリート（個別）生産が行われていたにも関わらず、連続式のオーブンや蒸し器などであるにも関わらず、排出装置によって小さな塊になり脈流生産になってしまうのである。

　生産の流れが断続的で生産が脈流になるとなぜ生産に支障が出るか例

を挙げて説明してみたい。例えば包装機は1時間当たり数百個から数千個の速度でトラブルによる包装不良が起きない限り包装を律速的にこなしていくが、このような包装機に製品が脈流即ち負荷変動して流れてくるとどうなるかを考えるとよくわかる。製品が一時的に包装機の能力を超えて流れてくれば、一定の処理能力で律速的に包装する包装機の上流で処理できない分の製品が滞り製品が溢れて製品の洪水を引き起こし、反対に製品の流れの谷間で製品が流れてこない時には、包装機は包装できず休止状態になり、包装機も作業者にもいわゆる手待ちが発生して一時的に生産は止まってしまう。このように例えば1時間当たりには同じ量の製品が流れてきたとしても、それが一定の速度で律速的に流れてくるのと、波状に流れてくる場合に次工程の一定の処理速度の機械が処理できずに過剰負荷になったり過少負荷になったりすることで、処理量の斑が生じ生産効率が低下することはご理解いただけると思う。

このような状態にならないように大規模なラインでは**図表2-3**、**2-4**のような緩衝装置が設けられている場合もあるが、実際にはこの緩衝装置による平準化によって完全な整流化ができているとは言い難い。

この問題の解決に次のような1個ずつ排出できるようなオーブン等の排出装置の改変を提案したい。通常のトンネルオーブンなどでは**図表2-5**左のようなアンローダーで排出コンベアに一塊で天板が吐き出されデパンナーを通過し取り出されパンは塊の状態で次の冷却工程に送られるが、図表2-5右は階段状のアンローダーにすることによって天板は1枚ずつ排出コンベアに乗って行き天板は一枚ずつ運ばれその後でデパンナーで取り出されパンを分散して冷却工程に運ぶことができる。

さもなければスパイラルコンベアを組み込み単列のディスクリート生産が可能な連続式オーブン／スチーマにラインに改変する必要があろう。食品工場の設備がこのような状態になっているのは、食品製造業界においては安定した生産をするためのディスクリート生産の意味が理解できていないことが真の原因であろう。

図表2-1　窯から塊となって出る天板

図表2-2　一挙に排出される食パン

図表2-3　塊を分散させる緩衝装置

図表2-4　包装機前のバッファ

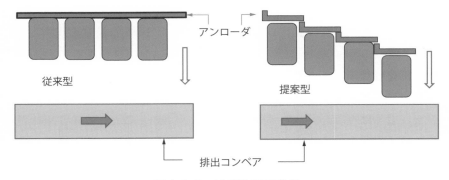

図表2-5　排出装置の改善

II-2-3　オーブン等の焼成温度と時間

　プロセス型食品製造業の製パンのようなフローショップ型の生産の流れにおいて、デッキオーブンにおいてもトンネルオーブン（運行窯）のような大型の焼成装置の使用中においても、焼成温度や焼成時間が異なる製品に対応するためにオーブンの設定焼成条件を変えることは切替段取り時間の長さに大きな影響を及ぼす。

　例えば焼成条件160℃のパンの後に210℃で焼成するパンがあった場合には、オーブン温度を160℃から210℃まで上昇させなければならない。この場合オーブンの出力（電力消費量やガス消費熱量）が小さければ所定の温度に上昇させるオーブンの温度上昇に時間がかかる。逆に例えば210℃から160℃に焼成温度を下げる場合にも焼成温度低下にはそれ相当な時間を必要とする。なぜなら一般的に焼成性能の良いオーブンは焼成中の温度変化を少なくするために、オーブンの熱安定性を高くする目的で断熱材や耐熱煉瓦などが組み込まれており熱容量を大きくしてあるからである。

　例えばカステラ焼成用などの熱容量の大きなオーブンは良質なカステラを焼くために温度変動が少なくなるようにしてあり、熱容量の大きい熱安定性の良いオーブンほど、焼成温度の上下の調整には時間が必要になる。連続して生産する製品の設定焼成が大きく異なる場合、設定温度に対応してオーブン温度の変更に必要とする時間の長さは、焼成温度の異なる製品間の切替段取りの時間を長くする要因になっている。

　また同じ焼成温度の製品であっても焼成時間が異なる場合、現状のトンネルオーブンの場合は炉床の部分が単一のコンベアになっているので、例えば焼成時間が10分の製品と30分の製品の焼成を連続して行う場合、先に焼成10分の製品の焼成をすると、その製品ロットを投入10分後に製品は焼き上がってオーブンから排出されることになる。そのため、投入終了10分後にやっと焼成時間の調整が可能になり、焼成時間の調整後即ちコンベア速度の調整後にはじめて焼成時間30分の製品の焼成を始められるようになる。ところが逆に先に焼成時間30分の製品

を焼成した場合には、この製品ロットをオーブンに入れ終わってから
30分後でなければ排出されないので、投入終了30分後にならなければ
焼成時間を調整できないので焼成条件の異なる次の製品の焼成は始めら
れない。この場合オーブンは30分間ほどアイドリング状態になるので
ある。

　このように焼成温度が同じであっても、焼成時間が異なる製品ロット
をトンネルオーブンで連続して焼成する場合には切替段取り時間が必要
になるわけである。まして焼成温度と焼成時間が異なる製品を連続的に
焼成する場合もっと複雑になることは容易に推察できる。このようなこ
とも製品ロット間の切替段取り時間を延長する原因の一つであり、プロ
セス型食品製造業のフローショップ生産の非稼働時間を延長させて生産
性を低下させる原因の一つである。

　そこでトンネルオーブン（運行窯）の炉床を**図表2-6**のように分割す
ることで、焼成時間の異なる製品間の切り替え時間の短縮を提案する。

　左図では炉床が一つのコンベアなので製品Aがオーブンから出ない
限りは次の製品を投入することができないので製品切替の時間が掛かり
すぎるが、右図では製品Aが奥のコンベアに乗り移った後、一定の間
隔を空ければ製品Bを投入することができるので切り替えの時間を短縮
できる。特に次の製品の焼成時間が長い（ゆっくり進む）場合は製品A
が奥のコンベアに乗り移れば間隔を空けずに直ちに製品Bを投入でき間
隔時間をより短縮できる。製品の切替時間は1日に何度も行われるので
日毎に見ればこの効果は絶大である。

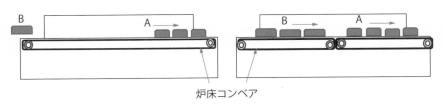

炉床コンベア

図表2-6　炉床コンベア分割の検討

Ⅱ-2-4　生産ステップ（工程）毎の生産処理速度の差

　工程条件の異なる多品種の製品の生産を行なうプロセス型食品製造業の多段階工程のフローショップラインにおいて、すべての製品のそれぞれの工程における製造ラインの処理（加工）速度を最適（最速）にすることは現実的には不可能である。食品製造業のフローショップラインと異なり単一のコンベアで組み立て加工が行われる電機製造業のラインのような組み立て型製造業の多くはディスクリート（個別）生産で製造が行われており、工程毎の作業密度（作業所要時間）を調整してライン全体の処理速度の一定化を図ることによって、タクトの言葉で象徴されるようにライン全体が一定のリズムで律速的に同じ生産速度で生産することを可能にしている。

　ところが多品種生産のプロセス型フローショップ生産による食品生産では上述のように工程毎の処理速度を一定にすることは難しい。パンの製造を一例として挙げてみる。120kgの生地をミキサーで捏ねる時に15分かかったとする。これを60gずつに分割したとすると約2000個の小玉の生地ができることになる。この約2000個の分割に分割機の最大速度で15分かかったとすると、ミキシングの所要時間と分割工程の所要時間は同一になるので、バッチ数が増加してもミキサーで連続して仕込みを繰り返して生産ができる。しかし仮に30gの小玉に分割したとすると約4000個の小玉ができることになり、同じ分割速度ではその所要時間は2倍の30分かかる。するとミキシングの間隔は余分にかかる15分に相当する間隔を開けるためにミキシング開始を待たなければならない。

　同様なことは一連の工程中の様々な部分で起こる。1バッチで生産された4000個数の製品があったとして、それの包装を行う場合包装機の処理能力が4000個/hの場合、1個包装であれば1時間包装にかかるが、もしも2個/袋の包装であれば製品は2000個になり所要時間は30分で終わってしまう。すると包装機は仕込み1バッチごとに30分ずつ停止することになってしまう。実際には製品を貯めて包装するか休み休み包装することになる。このような工程毎の処理速度の差異は生産工程のあちら

こちらで生じるので1連の工程のすべての工程において常に最高の能力で工程を稼働させることは難しいのである。

その上発酵食品等の製造においては化学反応や発酵のような工程、例えばパンや酒、しょうゆなどの発酵やかまぼこの座りのような工程所定時間を生産に合わせて動かせない工程があるために、一連の工程全体の生産速度を一定にするために各々の工程条件を変化させることは難しく、プロセス型食品製造業のフローショップの多品種生産ラインでは多品種の製品に合わせた工程全体の処理速度の一定化は極めて難しくなる。

電機や自動車などの組み立て型製造業では同一日に異なる製品を生産することは稀で、当日生産の製品特性に最適になるように合わせてラインの工程毎の負荷を調整して、各生産工程の処理速度を一定に合わせてライン全体を同一タクトで生産している。仮に展開モデルの類似製品を生産する場合も設定した条件の中で、同一タクトで生産を行い工程間で処理速度に差を生じないようにして多品種混流生産を実現している。

Ⅱ-2-5　清掃と洗浄

食品工場にとって他のほとんどの製造業の工場運営条件にないものに食品衛生の確保がある。医薬品製造などのいくつかの製造業を除いて、食品製造業のような衛生の確保が要求される製造業は少ない。多くの製造業ではいわゆる5Sを確実に行えば異物混入などによる生産上あるいは製品上の問題はほとんど起こらない。その5Sはご存知のように整理・整頓・清掃・清潔・しつけであるが、食品製造業の食品衛生の確保には目に見えない例えば細菌やウイルスなども対象になるので、それらを除くために食品工場では米虫らが主張するように通常の5Sに洗浄と殺菌を追加して7Sが必要であるとされる。

元々5Sにはもちろん製品への異物の付着を防ぐなど品質管理上の側面もあるが、5Sの初期の目的は異物などの製品不良を起こさないようにするだけでなく、整理・整頓・清掃・清潔・しつけを確実に行うこと

によって、生産環境を改善し機械装置のトラブルを減少させて生産をスムーズに行い生産効率を上げることを一義的な目的とするものであった。しかし食品工場を対象とした7Sでは食品衛生水準の維持を最大の目的としている例が多く、食品製造業では7Sを生産性向上につなげるものとの認識は低い。

　食品原材料の多くはでんぷん粉や小麦粉のように吸着性を持つ材料やパン生地やかまぼこの生地のように粘性があり付着性を持つものが多く、生産機械や容器からの剥脱・洗浄し難いものが多い。このような食品材料や仕掛品・製品の物理特性が機械装置やその付属物、容器などの清掃や洗浄を難しくしており、これが製品切替の際の機械の清掃、洗浄を難しくしている上に、これらの物質は生体物質であり微生物繁殖の栄養分にもなるので、清掃・洗浄に加えて殺菌・滅菌を行うことも必要になるので、ますます製品切替における段取り時間の延長を必要とするのが現状である。

　要求によって食品衛生の基準から定期的な洗浄・殺菌を要求される場合もあり、これによりますます不稼働時間は増加するのである。これに対して電機や自動車などの組み立て型製造業では、通常の清掃を行えば前に生産した製品の一部が付着し残存することはまれで、製品切替時の清掃や洗浄にかかる時間は短時間で済む。この違いが生産ラインの不稼働時間の長短に及ぼす影響は大きい。

　また、ここ2、30年くらい前からクローズアップされてきた問題に食品アレルギー問題がある。食品の材料として使用された場合に表示の義務のある特定原材料7品目として、必ず表示しなければならないものは乳・卵・小麦・そば・落花生・えび・かにである。加えて表示が勧められているものとしては推奨品目として特定原材料に準ずる20品目があり、あわび、いか、いくら、オレンジ、キウイフルーツ、牛肉、くるみ、さけ、さば、大豆、鶏肉、豚肉、まつたけ、もも、やまいも、りんご、ゼラチン、バナナ、ごま、カシューナッツがある。これらの材料を使用する場合は表示された食品以外の他の食品に混入されることを避け

なければならない。

　そこでこれらのアレルゲンを含む食品材料を使用した食品を製造した後に他の食品を製造する場合には、移行混入を防ぐために徹底した清掃あるいは洗浄もしくはその両方を行わなければならないことは当然である。ところが前述のように多くの食品材料や仕掛品、製品は吸着し易い粉体や粘着性の物質で構成されているために清掃や洗浄の実施に多くの時間が掛り、これも製品切替に長時間かかる原因の一つとなっている。清掃や洗浄方法について改めてより効率的な方法を考えなければならない。

　これまで述べてきたように食品製造においては製品切替の為の清掃や洗浄に長い時間を要し、これが製造ラインの不稼働時間の増加につながっている。製パンなどにおいては通常5〜10分程度の製品切替時間は一般的であるが、アレルギー食品を含んだ生地を使用した時の切替では20〜30分かかることは普通で、ミキサーなどの特に材料等が付着し易く、かつ除去しにくい機械器具の清掃には1時間以上かかることもある。

　またアレルギー物質でなくとも全粒粉やレーズンなどの材料が次の製品に移行した場合は、通常の可食物であっても異物混入と見なされてしまう。単なる混入を防ぐために30分以上の清掃時間を必要することも多い。特に菓子パン製造に使用されるHMラインに組み込まれている成型機などの構造が複雑な機械を使用する場合には、製品切替のための清掃に30分程度あるいはそれ以上を必要するので多くのHMラインでは稼働率は50％程度あるいはそれ以下しかない。製パン、製菓、水産練り製品、冷凍食品などに広く利用されている包餡機も構造が複雑で分解洗浄に1時間程度かかることが多い。そのため製品のロットサイズが小さい時には生産時間よりも清掃洗浄時間の方が長い場合さえある。これらはラインの中核になる装置であるために、外段取りにすることもできないため切替等の清掃の間ラインの生産は全停止する。

　パイプが多用されている製造設備で製造するフィリング等の装置の場合には1バッチの加工製造に通常1時間程度かかるが、次に異なるアイ

テムを生産する時にはアレルギー物質の除去のために苛性ソーダ入りの洗剤で洗浄するので濯ぎにもかなりの時間がかかり、切替洗浄に1時間以上かかるなど長時間洗浄が必要な場合も少なくない。このように製品切替時の清掃や洗浄が、プロセス型食品製造業の生産性を低下させている大きな原因であることは否めない。このような装置を使用して製造を行っている工場は生産効率を上げるために、それを当たり前のことだと考えず、より短時間でできる洗浄方法を常に模索しなければならない。

II-2-6　包装作業でのラインストップ

　食品製造には食品衛生的な取り扱いが求められている。そのため対面販売以外の食品は流通・販売時の汚染を防止するために何らかの包装が施されている。大量生産の食品はロール状に巻かれたプラスチックフィルム包装紙を自動包装機を使用して三方シールの包装が行なわれる場合が多い。この時ロットの製品数が包装紙ロールの包装取れ数（包装可能数）より多いと、途中で包装紙のロールを当然取り替えなければならない。生産個数とフィルムロールの可能包装個数が一致することはまずないから、生産ロットが小さくても包装の途中で包装紙がなくなれば、包装紙のロールを取り替えなければならない。このフィルム交換に案外と時間が掛かり切替ロスの原因の一つになっている。

　他に食品包装に付随して包装されたフィルムの上に別途販促用シールなどを貼り付けることがある。この販促用シールもロール状に巻かれたものが多く、途中で無くなれば包装を止めてロールを取り替えなければならない。また包装紙その物や包装対象の食品の破片などの噛み込みや包装の接着不良など、包装中に発生する作業不良が案外と多く発生して包装中止を引き起こし、その結果生産の停止の原因となる場合がある。包装工程の直前にフィリングの充填などの加工が包装と連動して行なわれることが多く、加工速度が包装速度より遅ければこれがボトルネックとなり包装速度を遅らせることもある。このように包装工程はラインストップを引き起こす頻度の高い工程の一つである。

Ⅱ-2-7　生産効率を無視した納期順の生産

　日配食品*は新鮮さを求められるために保存期間が短くなり、ほとんどの日配型の食品工場では常に納入時間に追われながら生産している。そのために生産効率を余り考えることができずに単に納期の順に生産しているのをよく見る。生産効率を考えた生産順で生産を行えばもう少し生産性は向上するはずである。

　なぜならⅡ-2-4 生産ステップ（工程）毎の生産処理速度の差の節で書いたように、多くのフローショップの食品生産では生産工程毎に単位時間当たりの処理速度が異なる場合が多い、工程を階段の1段階と考えるとフローショップの生産工程は階段のように見なすことができる。製品毎に大抵工程条件が異なるので工程通過の所要時間が異なり、この工程の階段の傾斜は製品によって傾きが異なるのである。このことは列車のダイヤグラムをイメージするとわかりやすい。工程を駅と考えると列車が駅の順番に従って走るように、製品の生産の流れも工程の順に流れて行く。列車には速度の異なる特急列車や普通列車などいろいろな速度の列車の種類がある。するとそれぞれの列車のダイヤグラムに描かれる線の傾きは異なっていることに気づく。速度の速い後続の特急列車は前を走っていた普通列車に追いつき追い越さねばならないので、普通列車は特急列車をやり過ごすために待避しなければならず待避線で停車して特急列車の通過を待つことになる。

　ところがフローショップの生産では生産の順番にしたがって製造を進めるが生産ラインには先の製品を待避する線路はない。すなわち時間がかかる製品をラインの外に出さない限りは生産速度の早い製品が追い越すことはできない。そのため工程の傾き（生産の速度）の異なる製品を連続して生産する場合には、生産順が並んだ製品の生産の階段の傾斜が余り違わないように、工程の傾斜を考慮した生産順は極めて重要になるのである。このように一つのラインで工程の傾斜が異なる数種の製品を

＊日配食品：毎日店舗に配送される食品、牛乳、乳製品、畜産加工品、チルド飲料、豆腐、油揚げ、納豆、蒟蒻、漬物、練物（蒲鉾・竹輪）、生麺類、生菓子等。

フローショップで生産する場合には生産順の工夫が必要で、納期順に単純に生産したのでは効率が低下してしまう。今までもし何気なく生産順を決めていたら生産性向上のためにもう一度見直す必要がある。

Ⅱ-2-8　生産工数を無視した製品開発（設計）

　食品の開発の現場では新製品の材料原価のみが問題視され、製造コスト（工数）に関してはほとんど意識されず、結果として無視されている事が多い。ほとんどの食品企業の食品開発の場では材料費と味や見栄えなどの感覚的な商品価値の評価のみが重要視され、その製品を作るための作り易さや工数（労務コスト）は余り考慮されていないことが多い。なぜなら開発部門は極論すればレシピーを決定するまでが自らの職務で生産については余り考えておらず、新製品をラインに乗せて生産するのは工場（製造）の役目だとする認識を持つ工場が残念ながら多い。

　電機や自動車製造などの工業製品の生産現場においては量産試作や初号機の生産では開発、製造、生技、品質などの関連の部門が立ち会うのは当たり前であるが、食品の場合新製品の立ち上げを製造部門だけで行ない開発部門が生産の現場に立ち会わないことすらある。開発部門が立ち上げに立ち会う工場もあるが、その場合も製品のでき具合についてだけを評価の対象にしていることが多く、ラインでの効率的な生産については無頓着な工場が多い。このように生産効率を無視した製品開発によって増加する工数の抑制の意識のない食品工場は、IEや生産技術的発想の欠如したコスト意識の欠如した工場であると言わざるを得ない。製品コストは材料費だけでなく、生産に携わる人件費比率も高いことを忘れてはならない。だからこそ生産に要する人件費を抑制するために作り易い製品を開発しなければならないのである。

　設計に当たり工数削減に対するコスト意識の欠如した開発が、必要以上に生産時間が掛かる製品を開発し、生産時間を延長し人件費を増大させ、生産コストを押し上げ生産効率を低下させているのである。

　この一つの表れが製品の裏側に表示されている材料リストに表れてい

る材料の多さである。小さな製品でありながらなんと使用材料の多いことか。使用材料を一つでも増やせば材料コストが上昇するばかりでなく、計量や仕込みに掛かる時間が増え生産工数が増えるのである。実際ある工場で添加物を1つ入れ忘れたことがあったが、誰にもその材料を入れた物と入れ忘れた物の製品の品質の差がわからなかったのである。意味のない材料を入れ忘れた製品であっても仕様書と異なるために結果としてそのバッチは廃棄する事になった。製品設計を行なう際、レシピーを決定する時には、無駄な材料を入れることによる材料原価を抑制しなければならない。材料メーカーから売り込まれた新しい材料を使用する事が製品開発だと勘違いしていないかよく考えなければならない。無駄な材料を入れれば材料原価が上がるだけではなく工数も増える。従って材料の選択の段階から生産工数を考えて製品設計をしなければならないのである。

Ⅱ-2-9　非効率な個人完結型作業

　パンやケーキなどの装備率の高いラインでは少ないが、水産加工場などの労働集約型の工場でよく見かける人海戦術の作業方法に個人完結型作業がある。この作業方法では1つの空間に多数の作業者がいるにも関わらず、作業の分配が行なわれておらず分業による作業がなされていないことが多い。すなわち多数の作業者は相互に作業上の関連なく、単に同じ空間に単独の作業者が存在しているだけである。これでは一人一人は一人力でしかなく分業によって一人力以上の能力を発揮できないことに気付かなければならない。

　このような作業場ではアダム・スミス*の唱えた分業による効率化が行なわれていないのである。作業は複雑な作業よりも作業分析により確立された単一の作業の方が作業は行ない易くしかも習得が早いのである。個人完結型の作業では一人で作業の全部の要素を複雑にこなして会

*アダム スミス：イギリスの哲学者、倫理学者、経済学者、主著に経済学書『国富論』（1776年）がある。

得しなければならない。一連の作業の分業化が行われていなければ、たとえ複数の作業者がいても分業による仕事の流れを作ることができない。例えば「テレビを流す」とか比喩としてよく言われるように、効率の良い生産は物の流れにたとえられる。分業を行なうには作業の流れを分析し、各作業者に作業負荷の差が出ないように分配しなければならない。作業分配のためには当然一連の作業のライン（組織）のマネジメントが必要になる。未だに個人完結型の作業を行なっている工場は、生産管理の知識が欠乏しているかマネジメント力が不足していると言えるのではないだろうか。

II-2-10　納品不足分のペナルティ回避のための過剰生産

　日配食品製造業に関わる人なら大抵の人が知っているように、流通企業から欠品時に食品メーカーに課せられるペナルティがある。著者が複数の工場で耳にした大まかな内容はメーカーが受注数に対して納品数が不足した場合の処置に関するものである。そのメカニズムはメーカーが不足数の欠品分を形式的に納入価で納入先に収めた事にし、その欠品分を流通から再び流通の販売価で買い取ったことにするのである。メーカーがチャンスロスを発生させたとして、実際には現物の動きはないけれども流通販売価−納入価分がメーカーの持ち出しとなるのである。これはもちろん次の製品採用時に大きなハンディになる。

　こうなるとメーカーは欠品が発生しないように常に少し多めに生産することになる。中小食品工場では平均的には5％くらいは多めに生産しているかもしれない。1000個の受注があれば50個即ち5％くらいは多めに生産している。受注数が少ないロットでは10％くらい多めに製造する例は少なくない。多めに生産し余剰ができるのはメーカーのリスクとして負担しなければならないのである。この余剰分が工場での食品廃棄の原因の一つにもなっている。そしてこの余剰生産分が材料費以外にも余剰に作った分の生産時間によって余分な生産コストを発生させていることも忘れてはならない。

　末端売値が100円の商品であれば工場から営業部門への仕切り価格は大体60円くらいであろう。工場出し値の40%が原材料価格だとすると、材料費は24円で付加価値額は60 −（60×0.4）＝36円となる。5%余分に生産すれば材料代は24×1.05＝25.2になる。5%余分に作れば当然生産時間は1.05倍かかる。ロットの生産個数をＸだとし、これを1時間で作ると

　受注数だけ生産した時の生産性を

（60 − 24）Ｘ/1 ＝ 36Ｘ　　として

　これに対し5%余分に生産した場合は生産時間も5%余分にかかるので

（60 − 25.2）Ｘ/1×1.05 ＝ 33.1Ｘ

　このようにみると5%ほど余分に作ると材料費の増加分と生産時間の増加分を合わせて、この場合2.9ほど生産性が低下するので、5%生産数が増加するとほぼ10%の生産性の低下になるのである。生産数が少ない場合はそれ以上になる事さえある。余剰の生産は工場の収益性を低下させることを肝に命じなければならない。

　欠品に関してもう少し緩やかな対応を行うと食品ロスはかなり減少できるのではないだろうか。

Ⅱ-2-11　遅い受注時間による見込み生産

　日配食品工場では短納期で多品種少量生産が多く、生産性の低下に関して欠品のペナルティよりももっと根深い問題がある。多品種の生産には時間が必要で実際流通企業から発注が入ってから生産を始めたのでは時間内に必要量を間に合わすことができないことは常態化している。そのため日配食品メーカーは不足ペナルティの事もあり、余分を含め多めにかつ早めに見込みで生産を始めざるを得ない。日持ち商品ならいざ知らず賞味期限が入っている事もあり、作り過ぎの製品は出荷することはできずにロスになるのである。これは昨今問題になっている廃棄食品の隠れた大きな原因の一つである。このロスは産業廃棄物と処分されるの

で表には余りでないが食品廃棄ロスの相当分を含んでるはずである。このようなことを解決しなければ食品廃棄ロスは削減できない。

　実際多品種生産を行うほとんどの日配工場では生産は見込み生産で行われている。例えば翌日朝納品する製品の受注の確定は当日の午後2時～4時の場合が多く、時には午後5時になることもある。受注確定してから生産を始めたのでは多品種を生産しなければならない場合は翌朝早く納品するには間に合わなくなる。例えば日配商品の中でも時間がかかる商品の一つであるパンは受注後の計量、仕込み、発酵から冷却、包装までに6～7時間以上は必要である。もしも午後4時に受注が確定して、それから所要量計算をして生産指令の後に計量を開始すれば最初の製品ができ上がるのは深夜の0時頃になる。また納品が朝の7時だとして、工場の隣に納入場所（配送センターや販売店）があるわけではないのでトラック等での配達に2、3時間以上は必要になる。もちろん配送の前にお店ごとの仕分けが必要である。これにも数時間かかる。すると最初の製品ができてから配送のトラックが工場を出るまでに1、2時間のゆとりしかない。この程度の時間で1ラインあたり10を超える多品種の製品を生産できるはずはないので、日配食品メーカーは受注が確定する前に生産を開始しているのである。

　実際は受注確定当日の早朝から生産を始めている。ほとんどの製品は見込みの生産指令の元で生産している。この状況はもちろん製パン工場だけではなく、例えば製麺などの日配食品工場でも同様の状態にある。しかも前項のように不足分があれば不足ペナルティが課せられるので食品メーカーはかなりの量の過剰分を生産せざるを得ないのである。

Ⅱ-2-12　工場入場時の過剰食品衛生ルーチンによる実労働時間減少

　食品を製造する上でもっとも配慮しなければならないことは製品の食品衛生状態を維持することである。そのためには安全な食品原材料を使用し、衛生的に管理された加工機械や施設及び環境の中で健康な作業者が加工生産する必要がある。たとえこれらの条件のほとんどが維持され

ていても、作業者の衣服に1本でも毛髪等がついていたり作業者の手指が不潔であったりすれば、製品である食品に異物が混入したり汚染される可能性があり衛生的な食品を作ることはできない。

このような問題発生を防止するために、作業者は工場に入場する際には清潔な作業着や作業用の帽子を着用し、作業場専用の清潔な作業靴を履いていることは当然として、工場に入場する前に作業者の手指の消毒やマスクの着用、作業着に付着している可能性のある毛髪やほこりを除去しなければならない。

作業者が衛生的な条件で工場に入場するために、著者が訪れたほとんどの工場では次のような食品衛生のための工場入場ルーチンを実施している。工場によって順番は様々であるが、平均的な食品工場ではロッカー室で作業着に着替えた後に次のような入場ルーチンを行う。①ヘアーネット及び作業帽着用する、②コロコロ（粘着ロール）によって作業着のホコリや毛髪を除去する、③念入りな手洗いと殺菌剤入り洗剤による手指の洗浄消毒、④手指の乾燥とアルコール消毒、⑤衛生監視者によるチェック、⑥エアーフードで埃を吹き飛ばした後に工場に入場する。上記のルーチンに加えて、毛髪ネットを被る前の落毛防止のための毛髪のブラッシング、粘着シールによる眉毛の落毛チェック、入場直前の再度コロコロを別途行う工場もある。このような入場衛生ルーチンが平均的なものだと思うが、この一連の処置の所要時間は馴れた人でも約10分程度ほど必要になる。

ところで食品工場のPコスト（時間当たりの賃金ではなくすべての労務経費の作業者の1時間あたりの平均値）は約1400円から約1600円位にあるようである。著者の感覚では平均は1500円／人・時程度となり1分当たりのPコストは25円／人・分となる。すると10分を要する一人1回の入場ルーチンにかかる費用は250円になる。多くの工場で午前と午後の勤務中に1回の休憩をとる場合が多いが、その場合例えば昼勤の場合は朝の入場時、午前休憩後の入場時、昼食後の入場、午後休憩後の入場時の4回の入場があり入場ルーチンの所要時間の合計は40分となり、

その場合の費用は一人1日あたり1000円かかることになる。

　通常の労働者の勤務時間は8時間で分に換算すると480分になり、衛生ルーチンに40分かかるとすると勤務時間に占める割合は8.3%になる。食品工場以外の一般的な機械工場ではこのルーチンに費やす時間はほとんどないので、そのように考えるとこのルーチンは生産性を8.3%も低下させていると言えなくもない。

　またある流通系のOEM商品を製造している食品工場の工場入場ルーチンは作業着に着かえた後、コロコロで毛髪やほこりを拭い、眉毛の抜けをシールで除き、①通常の洗剤で手洗い、②ヨード系の洗剤で手洗い、③手袋の装着、④マスクの装着、⑤次亜塩素系の溶液で手袋の表面を消毒、⑥手袋が濡れているともう一枚重ねる手袋が嵌めにくいので、⑦次亜塩素溶液に漬けてよく絞った不織布でよく拭い、⑧別の手袋を装着して、⑨アルコール噴霧で手袋表面を殺菌した後、⑩エアーシャワーで毛髪や埃を除去した後に工場に入場する。このルーチンには余程器用な人でなければゆうに15分は必要になる、作業者が込み合えばそれ以上の時間を必要とすることも稀ではない。

　上記のように工場に4回入場すると合計60分掛かることになる。標準的な労働時間は8時間すなわち480分であるから、労働時間の優に10%を超過し12.5%にも及んでしまう。これは通常の労働時間の12.5%を奪っていることになり、別の言い方ではこのような入場ルーチンを必要としない他の製造業の工場の12.5%も生産性を低下させていることになる。衛生ルーチンがコストである意識が食品メーカー側に希薄で、力関係で発注側から求められるままにその時間が増加してきたのである。

　医師の手洗いより時間が掛かっているとの説もある。食品衛生の名のもとに「羹（あつもの）に懲りて膾（なます）を吹く」ではないが、屋上屋を重ねた結果ではないだろうか。時間はコストである。手洗いもコストに含まれている事を忘れてはならない。逆に手洗い等が不足しているのではないかと思われる工場もある。食品工場として適切な手洗い等の工場入場ルーチンはいかにあるべきかこちらも再検討して頂きたい。

Ⅱ-2-13　人手不足

少子高齢化の日本では製造業だけでなく、多くの産業が人手不足に悩まされている。食品製造業とてその例外ではなく、特に労働集約型の低給与水準の食品製造業では求人をしても応募がないという問題に直面しており、人手不足が原因で適切なシフトを組めず生産性を低下させている食品工場は少なくない。

このような現在の人手不足を補う為に、政府は技能実習生を始め外国人労働者の受入を促進している。しかしながら当面の人手不足対策としての外国人労働者の導入はいたし方ない面もあると思うが、このような対応に対して筆者は少なからぬ危惧を感じている。かつては海外技能実習生といえば中国からの出稼ぎだったが、すでに中国からの実習生は減少してしまい現在はベトナム人がもっとも多い。なぜなら中国と日本の経済格差が縮まったからである。**図表2-7**は日本と中国とベトナムの近年の一人当たりの名目GDP（USドル）の推移である。かつては技能実習生と言えば中国人であったが2011年頃を境に中国人実習生は減少し

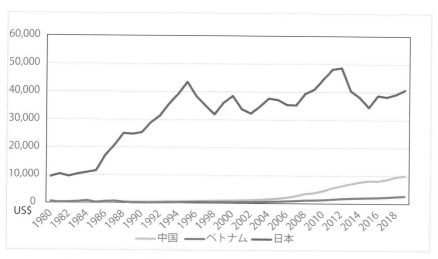

図表2-7　日中越名目GDP（US$）／人（1980〜2019年）

出典　IMF-World Economic Outlook Databases（2019/4）

ていった。この頃までは日本と中国の一人当たりGDPは10倍程度の格差があったが、現在ではその差は図表2-7から読めるように5倍程度になってしまった。外国人労働者からみて魅力的な国は10倍程度の一人当たりGDPの差が必要なのではないだろうか。

　ご覧のように日本とベトナムの経済格差は現時点で10倍以上あり十分に大きい。その経済格差があるからこそ彼らにとって来日の経済的メリットがあり、だからこそベトナムからの技能実習生が日本に来ていると言っても過言ではないであろう。ベトナムの経済は昨今年率で約7%の速度で拡大している。仮にこの速度で経済成長が続けば10年で一人当たりGDPは約2倍になる。ここ30年間日本の経済は停滞しているが、ベトナムの経済成長が続けば一人当たりGDPは20年で4倍、30年で8倍になる可能性がある。経済格差が縮まった30年後にベトナムから日本に働きに来る人は果たしてどの位いるだろうか。その上今回の新コロナウイルス禍のようなことが起れば、人の移動は制限され増々海外からの労働者の移動は難しくなる。

　生産年齢の人口がますます少なくなっていく日本で、外国人労働者が受け入れられなくなったら日本はどうなるのであろうか。外国人労働者を受け入れるにしてもこのようなことを見越して受け入れの実施しなければならない。

Ⅱ-3　食品製造業の実稼働率低下の原因に対する改善策

　短納期の多品種生産は日配食品工場の性であるが、自動車の共通シャシー化等のような方策で部品点数の削減、工数削減を図る工夫が必要であろう。顧客の求めに応じて製品数を無暗に増加させている傾向がないだろうか。「下手な鉄砲も数打ちゃ当たる」式の開発は必ずしも繁栄をもたらさない。かつて「選択と集中」という言葉が流行ったが、実際利益を上げている企業は製品数を絞ることに成功した企業ではなかろうか。

　断続的な塊（団子）生産の原因になっているバッチ生産を例えばエックストルーダーのような連続ミキシング方式に改善する事はできないであろうか。またオーブンなどの排出装置の改善あるいは排出コンベアの速度を変えることにより、できるだけ一個流しに近づけていき、生産の平準化を最大限計る。オーブンの温度を精密制御ができればオーブンの熱容量を小さくし温度調整時間は短縮できるはずだ。加えてトンネルオーブンの炉床コンベアの2～3分割を行えば切替時間の短縮が可能になるはずである。このように生産性の低下の原因になっている塊生産を解消、縮小する方法はいくつもあるはずだ。

　切替時間延長の原因になっている清掃・洗浄時間を短縮できるように、清掃・洗浄を簡単にできる装置を開発していけば、これも切替時間の短縮が可能になる。包装紙のカートリッジ化を行えば包装紙交換による切替時間の短縮ができる。現在の無駄の多いスケジュールを改善するために生産計画の見える化のためにもスケジューラの導入を行なうことも考えていかなければならないであろう。

　開発時に生産工数を意識して生産効率を考えた製品開発を行い、生産にIE的発想を導入し活用して生産を合理的に行うと同時に、流通との商習慣を見直して議論して種々のムダを削減しなければならない。また

本当に必要な衛生手順はどうあるべきか見直しを行い、かつ手洗い等が短時間でできるように衛生機器の開発をする必要もある。このように食品工場の実稼働率低下の原因をここに挙げたように改善改革することこそ食品製造業の生産性向上の鍵ではないだろうか。その為には食品製造のメカニズムを理解することが必須である。次に食品化学工学の主要な単位操作について述べていきたい。

第 **Ⅲ** 章

食品製造の
生産技術を支える
食品化学工学の要点

　食品製造業では食品安全を強く求められる点は他の製造業との大きな違いである。しかし幾つかの製造工程を通じて生産される点においては他の工業製品の生産と同様である。プロセス型製造業である化学工業の操作に似ているとされる食品工業の工程では、流動性物質の流れ、伝熱、蒸発、ガス吸収、調湿、抽出、蒸留、乾燥、沪過、混合、攪拌、遠心分離、粉砕などの工程の操作が組み合わされて生産が行なわれている。それぞれの製造上の操作は「単位操作」と呼ばれる。単位操作を行うための装置計画、設計、運転の良否によって化学工業と同様に食品製造業の経済性と製品品質は左右される。

　組み立て型製造業は部品等を物理的・機械的に組み合わせることで製品を生産する製造業であるが、本書で扱う食品製造業はプロセス型即ち原材料に手を加えて性状を変化させて製品を生産する製造業であり、その加工方法は物理的あるいは化学的でもあり、またその両方即ち物理化学的な加工を行う場合もある。食品は製造過程における反応・分離などの個別の単位操作の組み合わせにより化学工学的に製造が行われるので、食品製造に関わる生産技術としては機械工学的な知識の他に、化学工学の知識や技能が必要になるのは当然である。このように化学工学の一層の理解は食品生産のために行う食品製造装置の運転や装置の改善あるいは保守を行なう上で必須になる。

　食品工業で使用されているほとんどの単位操作の原理は一般の化学工業で行われている化学工学と基本的には同様のものである。しかし食品工業には原材料が生体由来であるために不安定である特徴に由来する特殊性も当然あるけれども、化学工業で使われる化学工学の知識は食品工業においても当然有効である。このように食品工業においても食品製造の分野で用いられる化学工学は食品化学工学と呼ばれて広く活用されこ

の理解は重要である。

　食品製造が化学工学を基礎とする食品化学工学の理論によって成り立つことにより、食品工場の生産技術は一般的な製造業の機械設備の保守や改良に必要な機械工学・電気工学だけでなく、食品化学工学の知識とそれに基づく技術が必要なことは当然であり、そのために食品工場の生産技術は工学的な知識と技術だけではなく化学工学的知識と技術によって構成されている。この点は組立型製造業の工学を中核とした生産技術とは食品製造業の生産技術はまったく異なるのである。特に企業内に生産技術部署を所有せず、製造技術の核心部分を機械メーカーに委ねてしまった多くの食品企業においては、食品工場の生産技術を支える食品化学工学の理解は極めて重要である。

　本著では食品製造に必須な食品化学工学をかい摘んで述べる。その概略を理解することは食品工場における生産技術の向上に必須であると考えている。機械装置や工程の開発、改良、保全の際には今までの工学的な知識に加えてぜひ食品化学工学の知識を生かして頂きたい。食品化学工学を学ぶことは機械や電気のエンジニアにとって思いがけない新しい知識を得ることにもなるであろう。

　実際たとえ現在食品製造業に属しておられる方でもその知識は一つの食品製造業の業種に限られてしまうことは当然仕方ないことであり、以下に示すところの多くの各食品製造業の多彩な単位操作とその設備機器のすべてについて普遍的に馴染むことは通常不可能だと思う。しかし、本章に目を通すことで食品製造業の技術的な背景を広く見渡していただけるのではないだろうか。既存の設備の拡張や改善の際にもヒントになる事を発見できるであろう。他の業界から食品製造業にアプローチを考えておられる方にも参考になる部分が必ずあると思う。またここで得られた知識はより詳細な知識を得るために専門の成書を参考する際に、入り口となりその理解を必ず助けることに役立つはずだ。

Ⅲ-1-1　原料の特殊性

　食品製造業で使用される原料としては、穀物・野菜・果実等の農産物、肉・牛乳等の畜産物、魚・貝・海藻等の水産物、シイタケなどの林産物の収穫物である生物体が食品原料として使用されている。他に食塩等の少数の無機塩も食品加工に利用されている。食品原料となる生物体を構成している細胞が生きている時には、種々の酵素反応や非酵素反応により生物体の物性や成分は変化している。生物体の生命が終わった後も、ある期間は同様な反応が死後の生体内で続き、さらに他の反応が起きることによって食品材料の鮮度が低下していくのである。

　この時原料の生育環境あるいは保存条件由来の食品に付着した多くの微生物や化学肥料などの薬剤の食品への影響は無視できない。いわゆるポストハーベスト（収穫後）に関する問題である。食品加工の目的の一つはこの生物体および付着した微生物による食品性状の変化を抑制することにもある。このような食品材料の変化を理解するには生物化学を基礎とする食品化学の知識も必要である。

　食品製造に用いられる食材は、以前は近隣で得られた食材に限られていたが、現在では海外や遠隔地で得られた物も食されるようになり、また季節に支配されていた食材もハウス栽培、植物工場や養殖、四季醸造などによって季節感は薄まっていき食品加工も大きく変わってきた。このように利用される食材の変化によっても食品製造の在り方が大きく変わってきているのである。食品製造にこのような食品化学工学に基づく知識を取り込んだ有益な生産技術を食品工場に確立して頂きたい。

Ⅲ-1-2　製品の特殊性

　食品製造業の製品としての加工食品に求められる条件は①安全性、②美味しさ、③良好な外観、④保存性と運搬性、⑤栄養、⑥簡便性などである。従って食品原料に含まれる栄養をなるべく失わないように加工品に栄養を移行させ、いかに消化の良い製品を製造するかは食品加工の重要な要件である。しかし昨今の社会の変化に伴う食生活の変化により、

栄養強化したものや逆に消費者の要求により低カロリー食品なども生産されるようになり、時代の変化によって食品製造業のあり方や目的も変わってきていると言える。そのため消費者が何を求めているかを生産者は常に留意しなければならない。

Ⅲ-1-3　加工上の特殊性

　食品加工を行う時に、食品材料の特性をなるべく失わないようにしたい場合もあれば、逆に食品材料の不都合な部分をできるだけ除去したい場合もある。食品特性の変化を避ける場合は原料中の成分を失わないだけでなく性状が変わらないようにする為に、食材の組織が破壊されないように留意する必要がある。食品原料が生物体であるため特に自己消化、腐敗、酸化などの変化が起きないように、食品原料を短時間で処理する必要に迫られることもあるし、逆に熟成のように長時間にわたり食品成分を徐々にゆっくりと変化させなければならないこともある。

　前述の不都合な部分をできるだけ取り除きたい例として、ふぐ毒、キノコ毒、梅のシアン誘導体などの食材中に含まれる自然の毒性物質の除去がある。加工食品の安全のためにこれらの毒性物質を加工によって取り除くのである。食品加工の特殊性として食品にとっては無害性の確保こそもっとも重要である。そのために加工に使用する設備の材質や構造、副資材の性質や純度などにも制約があるだけでなく、加工プロセスにおいては有害物質の混入を防止し、また除去するための操作を確実に行わねばならない。

　また食品衛生の観点から作業者の衛生管理を徹底して行う必要がある。どのような製品でも完成品検査のみでは製品品質の保証はできない上に、食品の検査では破壊検査*が必要となることが多いという制約から、通常の工業製品にも増して工程を適切な状態を保ち、食品の製造においては作り込む品質*の確保に最大限留意しなければならない。特に

＊破壊検査：測定、試験により製品を破壊してしまう検査、全数検査は実施が不可能である。
＊作り込む品質：製品の品質を決定付けるのは品質管理部門ではなく開発から生産・販売に至る実際に生産に携わり実務を行うラインスタッフの作業である。

微生物汚染、異物混入には細心の注意を払って安全な食品加工に努めなければならない。これを怠れば食品企業体にとって致命的な状況を引き起こす可能性すらある。

　食品生産においては食品安全の前提に立ちって食品の持つ物理的・化学的特性、食品化学工学的特性を理解して食品加工を行なわねばならない。食品工場での生産に対し生産技術を実施する部署はこのように食品化学工学の知識が必要になることはご理解頂けたと思う。以下に食品製造に必要な関連する食品化学工学の基礎を述べる。

Ⅲ-1-3-1　物質収支とエネルギー収支

　1）物質・エネルギー収支計算の目的：化学プロセスを大きく見ると工場全体を計画し、設計、運転、管理して工場を経済的に合うように経営するには、他の工場と同じく食品工場においても原料の消費量、製品の生産量、水蒸気やガスなどの散失量などの関係を明らかにしなければならない。そのためには運転に必要な燃料や電力などのエネルギー収支についても把握する必要がある。物質やエネルギーの出入りのバランスを数量的に調査する事を収支計算と呼ぶ。物の量に関しては物質収支、エネルギーに関してはエネルギー収支と言うがこれを熱収支と呼ぶこともある。

　収支計算を学ぶ上で認識する必要なものとして、回分（バッチ）操作と連続操作の違いがある。回分式とは原料を仕込んだら反応や操作を続け、目的を達してから内容物を全部抜き出しまた新しい原料を仕込むやり方である。中間的なやり方に半回分式がある。連続操作では任意の点に注目すると、その点での温度、圧力、温度、流量などは時間とともに変わらないのが普通である。これは定常状態と呼ばれる。回分操作では定常状態は見られない。連続式でも運転開始時点や停止時点においては非定常状態である。

　2）物質収支計算：物質収支計算を行なうことは化学工学研究の第1歩である。

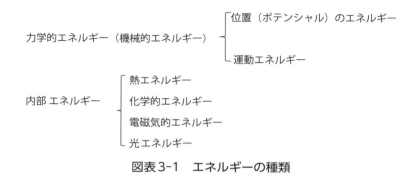

図表3-1　エネルギーの種類

（1）全体をよく理解した上でプロセスの略図を描く。装置を簡単なスケルトン図にし、入る物質と出る物質を矢印で示してから関係ある反応式や数値、条件等をもれなく記入する。

（2）適当な基準量を決める。

①原料または製品の中で重要なものの一定量を基準とする。

②処理時間や生産能力から時産、日産、月産、基準時間単位を決める。

（3）計算を容易にするため量が変化しない物質を一つ見つける。これは手がかり物質あるいは鍵成分とも呼ばれる。

（4）必要に応じて計算を簡易にするために条件の仮定を行なう。

3）エネルギー収支

エネルギーは適当な方法によって仕事に変える事ができるもので次のように分類できる。このうち単位操作に関係するのは機械的エネルギーと熱エネルギーである。

Ⅲ-1-4　平衡

Ⅲ-1-4-1　平衡状態

平衡とは平易に言えば釣り合いである。一般に自然現象はすべて放置すると見掛け上の変化が止まる状態に達する。これを平衡状態と呼び変

化の終点である。この状態は温度、圧力、濃度などの条件を変えない限りは一定に保たれる。しかし平衡状態は真に変化が停止した状態を指すのではない。化学工学における平衡とは正逆の両変化の速度が等しくなったことを指し、変化がまったく起きていないのではなく停止したように見えるだけである。

Ⅲ-1-4-2 気液平衡
気相と液相との平衡が問題になるのは、蒸発、蒸留、ガス吸収、調湿等である。このような平衡を考える時には液体の蒸気圧についてまず理解しなければならない。

1) **蒸気圧**：液状や固体状の純物質（単体、化合物）がその蒸気圧と平衡にある時、その物質の示す圧力は温度だけで決まり、気相の容積や他の気体の存在には関係しない。この圧力をその物質の飽和蒸気圧と呼び、あるいは単に蒸気圧を呼んでいる。液体や固体が気体に変化することを気化と呼ぶが、液体はその物質の沸点以下でも自由平面から気相に飛び出すことができる。単位質量の液体が気化する時に、分子によって持ち去られるエネルギーは蒸発潜熱と呼ばれる。液体の食品を蒸留する時に加温されるのはこのためである。これは気化熱とも呼ばれ、気化現象は温度が高いほど活発になる。

温度が高まり、物質の蒸気圧が外圧に等しくなれば自由表面から気化するだけでなく、液体の底部からも気泡になり分子が飛び出すようになる。これが沸騰現象であり沸騰させる操作を蒸発操作と呼ぶ。密閉容器中で温度が一定であれば気相は蒸気分子で飽和して圧力が一定になる。蒸気圧力のもっとも上がった点が飽和蒸気圧である。

2) **ガスの溶解度**：気体と液体との平衡においてはガスの溶解度が問題になる。ガスが水などの溶媒に溶ける時はヘンリーの法則に従うとされる。ヘンリーの法則とは"一定温度で溶液中に溶けている1成分の示す蒸気圧は液中の成分に比例する。"または"一定温度で一定の溶媒に溶けるガスの質量は、気相中のガスの分圧に比例する。"と表現され

る。ヘンリーの法則は溶質の濃度が低い場合と、溶解度の低い気体の場合によく当てはまる。

　この場合の分圧とは、その気体だけで単独に気相全体を占めた時に示す仮想の圧力である。そしてこのガスが理想気体であるならば、各成分の分圧の和は必ず全圧に等しくなる。この現象はドルトンの法則と名付けられている。

Ⅲ-1-4-3　液液平衡

　液相と液相の平衡は抽出を行なう場合などに問題になる。例えば極性物質である水に溶けているある物質Aを非極性であるエーテルで溶出場合には、水とエーテルはほとんど混ざり合わないから静置すれば2相に分かれてしまう。この時目的の物質Aは両方の相に分かれて存在する。このような3成分の平衡関係を考える時には**図表3-2**に示す三角座標＊が便利である。

Ⅲ-1-4-4　固液平衡

　固体物質が溶解する時、また溶液から塩などが析出する時（晶析または晶出）、あるいは溶媒を用い固体原料からある成分を抽出（浸出）する際には固液濃度が問題となる。一定温度において一定量の溶媒に溶ける固体の量には限度がある。これは溶解度と呼ばれる。一般に溶解度は100gの水を飽和させるのに必要な溶質（100gの水に最大限解ける量）のグラム数

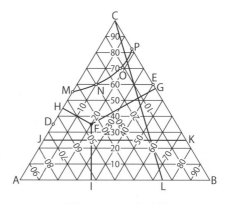

図表3-2　三角座標

＊三角座標：三角形の各頂点は純成分 A,B,C を表し、各辺は2成分系混合物 A-B,B-C,C-A の組成を表す。D,E,F は混合物を表す。例えば F 点は（A45%,B20%,C35%）となる。

を指す。

Ⅲ-1-4-5　化学平衡

上に述べたような平衡は物理平衡と呼ばれる。化学反応に対しても平衡状態が考えられている。例えば適当な触媒の元でN_2とH_2を高温高圧において反応させるとNH_3を生じるが、一方では生成したNH_3が再び分解してN_2とH_2とに戻ろうとする。温度と圧力が一定ならば正反応と逆反応の速度が等しくなり、見かけ上反応がどちらへも進行しない状態に達する。このような状態が化学平衡である。化学平衡とは反応が止まったのではなく、正逆の反応が等しくなって正味の変化が見られなくなっただけである。このように一方の反応だけに偏らない反応を可逆反応と呼ぶ。3成分が関係する場合は図表3-2の三角座標を用いる。

Ⅲ-1-5　移動速度

ほとんどの場合単位操作を行う時は物の移動や熱の移動を伴う。一般に液体や気体は圧力の高い方から低い方に流れる。熱は高温部から低温部に常に伝導する。例えばアンモニアを含む空気を水と接触させると、アンモニア分子は水の表面に溶け込みしだいに液の中まで移動する。この時、熱や物質が単位時間に移動する量が問題になり、これを移動速度と言う。移動速度が大きいと装置は小さくて済み、それによって種々の費用も安くなり経済的である。

様々な単位操作における移動速度は　移動速度＝推進力／抵抗力　になる。この推進力は平衡状態からのズレの程度を表し、流動では圧力差（ヘッド差）であり、伝熱では温度差、蒸留や吸収では濃度差（分圧差）、乾燥や調湿では湿度差である。推進力が存在する間は変化が進行し、推進力が0になった状態が平衡にほかならない。移動速度は面積と推進力に比例するので、　移動速度＝K×面積×推進力　となり、移動係数Kは熱移動ならば伝熱係数、物質移動ならば物質移動係数と称する。Kの値は関係する物質の種類や温度ばかりでなく、装置の構造や寸

法、その他の条件によっても変る。

　移動速度＝推進力/R　なのでRは熱移動や物質移動に対する一種の抵抗と見なされる。もしも推進力が一定ならば移動速度は抵抗に反比例するので、移動速度を大きくするには移動係数Kや面積Aを大きくするほど有利である。この関係は電気の流れに関するオームの法則に似ている。このような知識は装置の設計や改造を行なう上で重要になる。

　物質収支やエネルギー収支の関係は、装置の形式・構造・大きさなどに関係なく成立する。そのため収支計算だけでは装置の設計はできない。単位操作や反応操作を行なうための装置の寸法を決める時は、収支計算だけでなく物質の移動速度とか反応速度の知識が必要になる。

Ⅲ-2　液体の流れ

　物質の状態は固体、液体、気体の3態であるが、液体と気体は一定の形状を持っていないので、両者を合わせて流体と呼んでいる。流体の移動および輸送に関する理論を流動論と呼ぶが、これは化学工学においてもっとも基本的な理論の一つである。食品原料や製品の多くは流動体なので流体輸送における圧力損失や必要な動力を算出すること、流量の測定をする事は食品技術者にとっても重要である。

　液体と気体の違いは圧縮性にある。気体は圧力や温度が少し変化してもその密度が大きく変る。ところが液体の密度の変化は気体に比べほとんど無視できるくらい僅かである。そのため気体の流動理論は液体に比べてかなり複雑である。液体のように密度が圧力によって余り影響されない事を非圧縮性であると言う。気体でも圧力変化が少ない時はほぼ非圧縮性と見なすことができる。したがって流動体を論ずる場合その圧縮性の捉え方が重要になる。

Ⅲ-2-1　層流と乱流

1）粘度

　流体の流れには流体の粘度が極めて重要である。流体の性状、例えば水と油を比べると油の方が粘い感じがする。粘度の異なる流体を同径の穴から流出させると粘い液体ほど流出しにくい。この粘さを数字で表したものが粘度である。

　（1）粘度の定義：流体が流れようとすると流体粒子間には流れを妨げるような摩擦力が働く、この摩擦力は内部摩擦と呼ばれる。流体中に面積Aの二つの平行面があるとして、その間隔yとして上の面が下の面に対して平行に速度uで動く場合には、面が動くのに必要な力は動く速度が速いほど大きな力が必要になるで、二つの面の間隔uが近いほどその

抵抗は大きくなる考えられる。

　流体が動く時に必要なせん断応力とか内部摩擦力と呼ばれるものは流体の単位面積に働くズレの力である。流体の種類によって定まる比例定数はその流体の粘性係数あるいは絶対粘度と呼び、単に粘度とも呼ばれることもある。

　液体の粘度は温度が上がると急激に低下する。気体の粘度は液体の粘度に比べて遥かに小さく、温度が上昇すると液体とは逆に気体の粘度は増加する。どちらとも粘度は圧力には余り影響されない。

2）流れの状態

　（1）層流と乱流：液体が円管中などを流れる時、流れがゆっくりの時は流体の各部分は管壁に平行にスムーズに流れ互いに混ざり合わずに流れる、このような状態を層流という。ところが流れが速くなると流体の各粒子が不規則な道筋を通って進み互いに入り乱れて流れる。このような状態の流れを乱流と言う。

　（2）平均流速と質量速度：流体が円管中を流れる時の速さは、管の中央部と管壁に近い部分ではかなり異なる。円管の流れに直角な断面積 A を通って単位時間に体積 V が流れると $\bar{u} = V/A$ となりこの場合の $\bar{u}$ を流れの平均流速と定義する。断面積 A を m^2、体積 V を m^3/s とすると $\bar{u}$ の単位は m/s になる。普通流速と言えばこの平均流速のことを言う。工業的な流体輸送においては液体なら平均流速を 1〜3m/s、気体なら 10〜20m/s 前後に設定することが多い。

　（3）レイノルズ数：英国人レイノルズは流体がどのような時に層流になり乱流になるか調べて、流速 $\bar{u}$、管径 D、密度 p、粘度 μ に関係があることを発見した。直円管において $D\bar{u}p/\mu$ の値が約2300以下であれば常に層流として流れ、4000を越えると乱流になって、2300〜4000の範囲では管路の状況により何れにでも成りうる不安定な領域になりこの領域は遷移域と呼ばれる。$D\bar{u}p/\mu$ の値はレイノルズ数と名づけられて、Re あるいは Ne の記号で表すことが多い。

3）境膜とその意義

円管内の流体の流れを調べると、局部的に見ると管の中央部がもっとも速く、管壁に近づくと段々遅くなっていき、管壁にごく近い部分をさらに調べると流速が急に減少する部分がある。これは液体分子と固体壁との付着力によるものであると考えられている。流体の本体が層流であっても乱流であっても、固体壁のすぐ近くでは、このように流速の極めて遅い薄膜が必ず存在し、この部分では流れは常に層流状態にある。この薄い層は一般に境膜と呼ばれる。

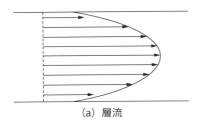 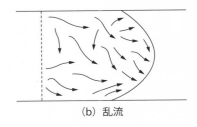

(a) 層流　　　　　　　　　　　　　(b) 乱流

図表3-3　管内の流速

Ⅲ-2-2　流路の摩擦損失

1) 円管中の摩擦損失

　層流であろうと乱流であろうと流体の流れは必ず摩擦という現象を伴う。例えば円管内を気体や液体が流れる時、管壁に接している粒子はその付着力の為にほとんど動かない。流体本体においては分子同士の粘性の為に互いに流れを妨げあっており、この抵抗に打ち勝って流れるために機械的なエネルギーの一部が消耗されることになる。このエネルギー損失は摩擦損失と呼ばれる。この摩擦損失のエネルギーは熱の形になって外界に伝わり永久に失われる。

2) 流路変化による摩擦損失

　上述の直管中の摩擦損失以外にも、流れの断面積や方向の変化などによるエネルギー損失もある。層流の時はこのようなエネルギー損失はほとんど無視できる。

（1）拡大損失：流れの断面積が緩やかに広がる場合はエネルギーの損失はほとんどないが、急に管の直径が大きくなる時や断面積が急に拡大する時は流れの一部に渦が発生することでエネルギー損失が起きる。

（2）収縮損失：流れの断面積が急に縮小する場合はエネルギー損失を起こす。タンクに管を取り付ける時など断面積が急に縮小する場合は管の取り付け方を工夫することでエネルギー損失の程度は大きく変化する。タンクから細管に流入するときの抵抗係数を K とすると取り付け方の違いで K は大体次の値をとる。タンク等に配管を行なう場合には取り付け方に配慮が必要であることがわかる。

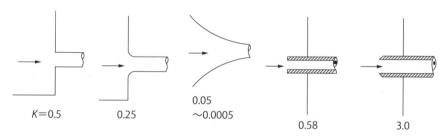

$K=0.5$　　　　0.25　　　　0.05〜0.0005　　　　0.58　　　　3.0

図表3-4　配管のタンク取り付けの違いによる抵抗係数

（3）管継ぎ手・弁類による摩擦損失：管類を連結したり、流れの方向を変えたり、流れを堰き止めたりするために、流路の途中に種々の継ぎ手類やバルブ類が設けられることがある。これらの継ぎ手類やバルブ類によってもエネルギー損失は起こる。従ってエネルギー損失を少なくするためには継ぎ手類やバルブ類の選択は慎重に行う必要がある。

Ⅲ-3　食品の輸送

Ⅲ-3-1　流体食品の輸送

　食品やその原料は液体や粉体などの流体としての性質を持つものが多い。この点ほとんどが固体である通常の組み立て型製造業の部品や材料の取り扱いとは食品製造の作業は大きく異なる。近年では粉体の食品や粒体の食品までもが、食品工場ではまるで流動体のように輸送されるようになってきている。これは食品材料の独特の特性とも言えるもので食品製造・生産技術において、これらの食品材料等の流動体としての特性の理解が食品製造において重要になっている。食品工業において使用される流体は以下のように分類される。食品工場における作業の効率の点からもこれらの効果的な利用のためにも、流動体の基礎的な特性を理解しなければならない。

①希薄液体：果汁、牛乳、日本酒
②濃厚液体：フラワーペースト、ジャム、液糖
③流動化固体：穀粒（米、小麦、大豆等）、小麦粉

　流動化固体のこれらの物質は「物質の変形および流動一般に関する学問分野」であるレオロジー（流動学）＊としての挙動を示すので、食品加工装置の保全・改善は、それぞれの取り扱う食品のレオロジー特性を理解した上で実施しなければならない。

Ⅲ-3-1-1　液体食品輸送における流動特性

　これまで述べたように食品の生産には輸送作業が必ずあり、そのため対象物の輸送特性への理解が必要である。食品の濃厚液体は一般に粘度

＊レオロジー（流動学）：物質の変形と流動に関する科学と定義される。ギリシャ語の reō（流れるの意味）に由来し、流動学と訳されることもある。

が高く、輸送特性の一つである粘度は次式のように表される。

$$\eta = \tau/\gamma$$

ηは粘度、τ（タウ）はずり応力、γ（ガンマ）はずり速度である。

　粘性（粘度）から見て流体は**図表3-5**のように分類される。液体食品に関する代表的なレオロジー用語を簡単に述べる。

1)　**ずり応力τ（タウ）**：モデルとして立方体の食品があったとして、立方体の面に平行な力を受けて変形する時のひずみを単純ずりと呼ぶ。立方体の稜の傾いた角をθとする時には、単純ずりは$\tan\theta$で表される。ずりの平面では両側が互いに逆向きで平行の同じ力を及ぼしあう。単位面積当たりのこの力はずり応力＊（せん断応力と同様）と呼ばれる。

2)　**ずり速度γ（ガンマ）**：ずりが時間とともに増える時には、当初立方体であった液体部分に単純ずりが発生する。液体を撹拌する時の層流域ではずり速度は速度勾配に等しくなる為に、撹拌速度に応じて物理的パラメータとなる。

3)　**流動図**：ずり応力をずり速度に対してプロットすることにより、プロットの傾斜を測定することになり流体の抵抗即ち粘度を算出できる。

4)　**ニュートン流体**：ずり応力は粘度とずり速度の積の関係に従う性質を持つ、液体で低分子の液体は図表3-5dに表す性質を示す。一般的に希薄液体の液体食品はニュートン流体の性質を持つ。

5)　**絶対粘度η（イータ）**：ニュートン液体ではずり速度とずり応力の比が常に一定で、ある温度に対してはある一定粘度即ち全体粘度を示す。

6)　**非ニュートン流体**：非線形流動を示す流体で液体食品の大部分はコロイド分散系または高分子溶液として存在しており、非ニュートン液体としての挙動を示す。ビンガム塑性流体は図表3-5bに見られるようにずり応力は粘度とずり速度の積の関係からははずれ、応力軸の原点から離れているために非ニュートン流体であることを示している。

＊応力：物体が外から力を受けた時、それに応じ内部に現れる抵抗力。

7) 見掛け粘度：流動図において直線で表せない時には曲線上の任意の点と原点を結ぶ直線から見掛けの粘度を求める。そのために見掛け粘度はずり速度の広範囲にわたって測定しなければならない。

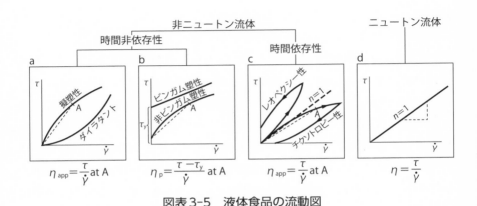

図表3-5　液体食品の流動図

Ⅲ-3-1-2　塑性流動の液体食品

　塑性流動を示す液体食品の流動は図表3-5bに示されるように、ずり速度軸との交点にある降伏点τyがある。このような食品に流動を起こすためには最小のずり速度τyが必要である。このような特性を持つ溶融チョコレート、卵白の泡、マヨネーズ、ケッチャプなどの多くの食品は流動を起こさせるために最小のずり速度が必要になる。マーガリンを顕微鏡で観察すると油の連続相中に油の結晶が分散しているのが見える。この結晶を流動化させる為にはあるずり速度が必要になる。このような物質は塑性流動体と呼ばれ、幾つかのタイプがある。これらの特性の違いを理解した上で食品生産においては製法や設備装置の選択を行なわねばならない。

1) 塑性粘度η_p：塑性流動に関した粘度で、ビンガム塑性流動では直線の傾斜はη_pになる。非ビンガム塑性流動の場合は図表3-5bのように降伏点と与えられたAを結んでその傾斜から粘度が得られる。

2) 擬塑性及びダイラタント液体食品：ずり速度がずり応力に比べて急激に増加する場合は、ずり速度増加に比例せずに見掛け粘度上昇が減少していく、ずり応力軸から曲がる特性を持つ流体で、例えば馬鈴薯でんぷんや片栗粉で濃厚な水溶液を作ると図表3-5aのような急激な変形に対しては固体的に振る舞うが、ゆっくりとした変形に対しては流動性を示す。菓子パンなどの上掛けに用いられるフォンダンもこのような性質を持つ。

3) チキソトロピー性食品とレオペクシー性食品：これらの特性を持った食品の見掛け粘度はずりの時間と速度の両方により変化する。図表3-5cのヒステリシス曲線に示されるように、ずり速度が最大に増加あるいはゼロに減少する時間依存性があるので、このような特性のマヨネーズやケチャップはかき混ぜたり振り混ぜたり力を加えることで粘度が下がるが、放置すると再固化する。

　図表3-5cのレオペクシーは比較的小さな変形、特にせん断のために見かけ粘度が増加する現象で液体の運動によって分散粒子が相互に接近しやすくなり、接近すればある種の凝固が起こると考えられており、ユーカリ蜂蜜はこの性質を持つとされる。

Ⅲ-3-1-3　液体食品の粘度

　液体食品の粘度は処理工程の制御、品質管理、装置設計の際には必要な物性なので食品工場の生産技術にとっても必要で重要な特性である。例えば蜂蜜は極めて保水性が良いために水分含量が迅速に測定できないが、粘度は比較的簡単に測定できる。しかも蜂蜜の水分含量と粘度の間には密接な関係があるので、粘度を測定することで蜂蜜の水分含量を推察することができる。

　溶融したチョコレートをトレーに入れても固化するまでその形は変化しない。ところがトレーを動かし降伏応力以上の力を加えると、解けているチョコレートは流れてしまう。そのため溶融チョコレートの降伏応力を知ることは、取り扱い、搬送系設計などに極めて重要である。パン

製造においてドウに混ぜる油脂の降伏値や塑性粘度を知ることは工場での生産の上で品質においても重要である。

　ケーキの上に脂肪量が異なる2種のチョコレートを薄くコーティングする場合などにも、それぞれの降伏応力を測定しておくことでより効率的に製造できる。このように食品のレオロジーへの理解は食品の製造において重要なので、食品工場の生産を支える生産技術にとっても食品レオロジーの理解は重要である。

Ⅲ-3-2　ポンプ

　食品工場ではこれまで述べてきたように様々な性質の流動体の食品を輸送することが多く、低粘度の物から非常に高粘度の液体など様々な特性の食品材料及び製品を搬送する事がある。食品工場では様々な性質の流動体の輸送に対応するために、種々の特性の流動体を送り出すポンプが必要になってくる。円滑な搬送のために流動体の特性に合った特性のポンプの選択の重要性が高まっている。

Ⅲ-3-2-1　ポンプの選択

　ポンプには種々の型式があるが、ポンプの構成要素や運動要素によって大きく回転式と往復式とに分けられる。ポンプの作用原理から見ると主に羽根車の回転で液体などの流動体に圧力（運動エネルギー）を与える渦巻ポンプと、ピストン様のもので液体を押し出す（変位エネルギー）仕組みの往復動ポンプに大別される。

　渦巻ポンプは排出弁が閉じても過度の圧力を生じないのに比べ、往復ポンプは圧力のいかんに関わらず一定の液を排出するので、排出管が閉鎖されると爆発圧が生じてモータを停止させて故障の原因になってしまう。液体食品の搬送用には主として渦巻型サニタリーポンプが、乳化均質機（ホモジナイザー）・噴霧乾燥用高圧ポンプにはピストン型ポンプが使用されることが多い。ポンプの選択の参考に食品工業用ポンプの分類と特徴を**図表3-6**、**3-7**に掲げた。食品工場には流動体の輸送が必須

であるので食品工場をうまく稼働させるには、搬送する液体の性状に合わせて目的にあったポンプを選択する必要がある。

大　分　類	小　分　類
①うず巻型（centrifugal type）	軸流（axial flow）
	斜流（mixed flow）
	放射流（radial flow）
②ロータリー型（rotary type）	ベーン（vane）
	ギヤー（gear）
③往復動型（reciprocating type）	プランジャー（plunger）
	ダイヤフラム（diaphram）
	ピストン（piston）
④特殊型（special type）	モイノまたはモーノ（moyno）

図表3-6　液体食品工業用ポンプの分類

	うず巻型	ロータリー型	往復動型
長所	①操作範囲が広い ②弁を持たず構造が簡単で着脱容易 ③モータ直結で高速回転適 ④危険な圧力を発生しない ⑤脈動を発生せず	①定流量輸送に適 ②広圧力範囲 ③広範囲の粘稠度で使用可 ④自己吸入可 ⑤低ランニングコスト	①高圧力輸送に適す ②低速で耐久性有り ③修理が容易 ④自己吸入可 ⑤高粘性液輸送に適する
短所	①圧力・粘度に限界 ②脂肪を含む液を脱乳化の可能性 ③空気を吸入すると液を吸入できない。 ④容量の調整困難	①ケーシングとの間隔率狭いのものは大径粒子を含む懸濁液および高粘稠液は不適 ②回転子の磨耗により容積効率低下易	①脈動がある ②吐出弁閉じると過度圧力生じる ③緩衝弁必要 ④ランニングコスト比較的高い ⑤操作範囲が狭い

図表3-7　食品工業用ポンプの特徴

図表3-8　高粘度用ケーキ生地ピストン式ポンプ

図表3-9　高粘度の流体食品を搬送するロータリーポンプ

図表3-10　冷凍機用ポンプ

図表3-11　キャビテーションの少ないウオケッシャーロータリー型ポンプ

図表3-12　フィルタープレス用固液ポンプ

図表3-13　定量輸送に適した回転式ポンプ

Ⅲ-3-2-2　高粘度液体食品用ポンプ

　高粘度の液体食品を搬送する場合には、渦巻き型、往復動型ではなく、主にロータリーポンプが用いられる。

1）回転数N（ロータの周速）は剪（せん）断抵抗力によって低下し吐出流量は減少してしまう。そのため流量を同じにするには回転数アップか容量の大きいポンプに変更しなければならない。しかし単に回転数をアップするとキャビテーション＊が発生する場合があるので単純な回転数のアップには留意しなければならない。

2）回転数・吸込み条件が適正であるならば漏洩に伴う損失による容積効率η_Vは良くなり定量性は増加する。

3）高粘度の2種の液体を交互に搬送するとき、ポンプの外装とロータの間隙が重要となる。なぜなら機械効率η_mを最大に発揮するには、その粘度に応じた最適の間隙に調整する必要があるからである。

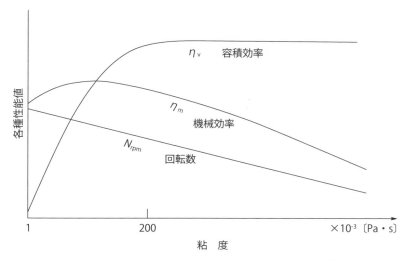

図表3-14　液体粘度とロータリーポンプの性能の関係

＊キャビテーション：スクリューや水力タービンの翼等のように水中を高速で運動する物体の表面には圧力の低い部分が生じ、その圧力が飽和水蒸気圧より低下すると水蒸気が発生し、水中に含まれていた気体が膨張して気泡が発生する現象。

図表3-15　ハンバーグ成型機高粘度
　　　　　ポンプ

図表3-16　充填機水産加工品高粘度
　　　　　ポンプ

図表3-17　フィリング圧送する
　　　　　クリームプレッサー

図表3-18　固体を含むものも送れる
　　　　　高粘度モーノポンプ

Ⅲ-3-2-3　ポンプの所要動力

　ポンプはそれ自体動力を持っていないので、ポンプにはモータなどの外部の動力源が必要である。ポンプの運転に必要な理論所要動力L_0は次式で得られるので、液体の性状に適合した所要動力量のモータ等を選択しなければならない。

　$L_0 = {}_\rho QH/K$

　ここでL_0はポンプの理論所要動力〔kW〕、ρは液の密度〔kg/m$_3$〕、Qは揚水量〔kg/s〕、Hは全揚程〔m〕、Kは定数（kwの時は98）である。

　しかしポンプが運転される際には軸受、パッキンなどの機械的摩擦、ポンプ内での流体摩擦などによって動力の損失が起きるので、実際のポ

ンプの軸に加えられる動力LはL_0より大きくしなければならない。したがってポンプの効率ηは次の式で求められる。

　η＝ポンプの理論動力／ポンプの軸動力＝$L_0/L = \eta_h \cdot \eta_V \cdot \eta_m$

　ここでηはポンプの効率（渦巻ポンプでは65〜85％）、η_hは水力効率（液体の摩擦や衝突による損失）、η_Vは容積効率（漏洩による損失による）、η_mは機械効率（ポンプの機械部分の摩擦）である。上式は装置のポンプに必要な動力を決定する際に必要となる。

Ⅲ-3-2-4　キャビテーション

　ポンプの吸入部分では一般に液の圧力は下がる。吸入揚程が大きい時には液中に含まれる気体の分離や蒸発が起こり液中に空隙が生じやすい。液温に対する飽和蒸気圧よりも液圧が低下し、液の動揺が激しい時には液の蒸発が起こり易くなる。発生した空隙は高圧部に送られると消滅するが、流速が大きい場合消滅が遅れて圧力差が大きくなり、吸入部の周辺に衝撃を与えて侵食の原因となり騒音振動を伴う障害を発生してしまう。この現象をキャビテーションと呼ぶ。使用中のポンプのキャビテーションによる異常な振動や音の発生には注意しなければならない。

　渦巻ポンプではキャビテーションが発生すると、損失水頭が増加して理論揚程が下がってしまい結果的に揚液が不能になる。ポンプの入口における静圧、動圧の和から液の飽和蒸気圧PVpを差し引いたものによってキャビテーションの限度を規定することができるのでこの限度を超えないようにする。この限度を水頭＊で表したものをNPSH（Net Positive Suction Head）と言い最大吸込入力を示す。

Ⅲ-3-2-5　ポンプの技術

1）高粘性液体の輸送：10^2Pa·s以上の高粘度の液体を輸送するために、液をポンプの吸込側に強制的に流入させるために、よく2段ポンプアッ

＊水頭：　水頭（water head）圧とも言い、ある高さの静水が底面に及ぼす圧力のことで水柱の高さはmまたはmmで表す。

プ法が採用される。具体的には1段目をロータリーポンプで昇圧し、昇圧した液をピストン型ポンプの吸込側に送り込むことによって10^3Pa·s位までの高粘度液を輸送することが可能になる。ロータリーポンプではNPSH対策として液とロータとの流れ込み面積の増大が必要である。高粘度液を輸送するには配管類、貯液槽、液流量、粘度、液面制御などのシステム全体の開発及び付帯する洗浄方法など低粘度液体の輸送とは異なる管理技術が必要となる。

2) 高・低温度併用ポンプ：高性能の高温・低温併用ポンプはほとんど無い。なぜならプラスチックロータを用いた物は低温では定量性があるけれども、高温での使用には適さないし、ステンレスロータ使用の物は高温で使用する場合は熱膨張のためにロータとケーシングの間隙を大きくとらなければならないので、低温ではこのような間隙の大きいポンプは効率が悪い。そのため高温低温の両方で利用するポンプには温度膨張係数の可能な限り小さい金属のロータを使用する必要がある。

3) 比例制御ポンプ：アイスクリーム製造のように数種の液体を連続して混合する場合に使用される。1台のモータの同一クランク軸に最高10台のピストンポンプを設けることによって10種類までの液体を混合できる。比例の調整を正確に行なうことによっては微量添加液を連続的に主液に注入することもできる。

4) モーノポンプ：フランスのルネ・モアノによって約90年前に発明されたこのポンプは、その後ドイツ、アメリカなどの企業により改良され、簡単な構造で異物などが含まれている粘度の高い液体（スラリー）の移送に対して広く使われている。このポンプは回転容積型の一軸偏心ネジポンプである。雄ネジのロータ（断面が真円の金属製）を長円形の断面の弾性材質のステータの内部を回転しながら上下に運動させる。ロータとステータの空間に充満する液体は、無限ピストン運動によって吸込側から吐出側に連続して送られる。モーノポンプは①定量性と可変容量、②自給能力（85kPa）、③高吐出圧（max2.4MPa）、④分解組立容易、⑤液中固形物粉砕可などの特徴を持つので、味噌、餡、水飴、バ

ター、チョコレートなど温度帯によっては流動性が少なく変化し易い食品の移送に適しており食品工場で広く用いられている。

5）**ウオケッシャーロータリーポンプ**：約100年前から著名なポンプで2個のロータが内蔵され、孤状のロータ翼がポンプ環状部を回転することにより液体の吸入と排出を行なう。このポンプはキャビテーションが少ないために高粘度の液体食品の輸送にも適している。ポンプの開孔部が二重シールにされた高温滅菌工程に対応するポンプが開発されており、高熱の滅菌が必要な果物缶詰やトマトケチャプ製造に用いられている。

6）**トリブレンダーポンプ**：粉体食品と液体を混合する時に塊や空気を液の中に巻き込まない構造のポンプを持った混合システムである。このポンプはブレンダーモータが動作する前にホッパー開孔部より粉体が流れださないようにバタフライバルブを備えていることによって、粉体の流量も制御できるポンプである。

Ⅲ-3-3　粉粒体食品の輸送

　液体だけでなく食品製造には原材料として粉流体が多く使用されており、小麦粉のように最終製品そのものが粉流体であることも多い。従って粉流体の特性を理解することは食品製造においては極めて重要である。なぜなら大きな粒度の穀物粒からミクロン単位の噴霧乾燥品まで粉粒体食品は多彩であるので、食品を取り扱う上でこれらの流動特性を理解することはそれらの輸送を行う上で必須である。なぜならそれぞれの粉粒体は形状や表面構造が異なるために、これら粉流体を輸送する際にその流動特性には当然違いがあるからである。例えば貯粉ホッパーや空気搬送管内で発生する閉塞、排出、搬送不良等及び包装工程での充填不良などの現象にはそれぞれの粉粒体の流動特性が関与しているのである。

Ⅲ-3-3-1　粉粒体食品の流動特性

　粉体の挙動は多彩で多面的なので、これが粉体の流動性の評価を面倒

にしている。一般には粉体の流動性を評価するために、①安息角測定法、②圧縮度測定法、③内部摩擦角と凝集力がよく用いられている。そこで次にこれらの主要な各流動特性の評価法について述べる。

1) **安息角**：一定の高さから粉体を徐々に落下させた時に自発的に崩れることなく、安定を保ち形成する粉体の山の斜面と水平面とのなす角度のことを言い、粉体の滑り出さない限界の角度を表す工学用語である。比較的粒子径が大きな米、大豆、小麦、コーヒー豆の安息角は20〜27度にあり流動性は良く、中程度の粒子である脱脂粉乳、グラニュー糖は30〜45度である。より粒子細かい全脂粉乳、ホエー粉乳、抹茶、でん粉などの安息角は45度以上あり小粒子の粉体は凝集性が強いためにこれらの流動性はよくないので流れ難い。

このように同じ粉体では粒径の大きい物は安息角が小さくなる傾向があるが、逆の場合もあるので粉体の流動性には留意しなければならない。水分含量4.5〜6.8%脱脂粉乳を20度の環境下で相対湿度を変えて安息角を測定すると水分含量の影響はなかったが、相対湿度が50%を超えると安息角は大きくなるようだ。

2) **圧縮度**：粉体の嵩（かさ）密度、粒子径や粒子形状、表面積、含水率、付着性のすべての特性が流動性を左右する圧縮度に影響するので、圧縮度はこれらの粉体物性の総合的な尺度とされている。

圧縮度Cは次のように定義される。

$$C = (\rho_c - \rho_b / \rho_c) \times 100 \ [\%]$$

ρ_cは密充填度、ρ_bは緩充填密度とする。

代表的粉粒体食品の圧縮度（%）はグラニュー糖10、クリームパウダー15〜20、脱脂粉乳20〜30、育児用粉乳・ココア・インスタントコーヒー30〜35、乳糖40〜45、小麦粉・ホエー粉乳45〜56である。圧縮度が20%以下であれば流動性が良く、ホッパーやサイクロン等から容易に流出する性状を示すが、圧縮度が40%を超える粉体をホッパーに長く留めた場合には排出が困難になる。粒子径が大きいと圧縮度は小さく

なり流動性が良くなるので、粉体食品は造粒する事によって圧縮比を低下させて流動性を向上させている。

3）内部摩擦力と凝集力：オリフィス*からの粉粒体の流出速度はいろいろな容器（円筒状容器、ファネル*、ホッパー）のどれであっても、流出する粉体の単位時間当たりの質量として測定される。粉体の流出速度は多くの因子に依存するが粒子自体の特性も関係する。オリフィスか

図表3-19　小麦粉投入装置と
　　　　　空気搬送ブロア

図表3-20　小麦粉サイロ下部
　　　　　排出装置

図表3-21　小麦粉搬送計量装置と
　　　　　堅型ミキサー

＊オリフィス：オリフィス板と称する中央に円孔をあけた薄板を直管の途中に挿入し、これで流れを絞るとその部分の流速が増し圧力が下がる（ベルヌーイの定理）。この原理を元にしてこの板の前後の差圧を測定することで、流速あるいは流量を求める流速計に利用されている。

＊ファネル：ロート（漏斗）。

らの流出速度は粉体の流動性の有効な尺度であるが、自由流動性のある粉体であってもオリフィスからの流出には脈動型の流動が見られるし、容器が空になる前には流出速度の変化が見られる。また粉体がオリフィス孔から流出する時、流出孔付近に全然流動しない部分（破壊しない部分）が残る事がある。この部分を破壊させるには粉体層の任意の面に沿ってせん断応力を増すことによってある点で滑りを生じるために限界応力が必要になる。

Ⅲ-3-3-2　機械的輸送

　食品の製造において粉体の輸送は、先に述べたように粉体の独特の性状によって容易ではないことが多い。特にその流動性のために輸送には多くの工夫をしなければならないし、品質劣化や異物混入が起こらないような輸送機を選ばなければならない。粉流体を搬送する機械輸送には次のような方式がある。

1）摩擦力による輸送：代表的なものはベルトコンベア、粉体は移動面と輸送物との摩擦力により輸送される。開放状態で輸送される時は気流により飛散するので飛散しやすい粉体にはコンベアは不向きである。またベルトコンベアが傾斜している場合、摩擦が小さいと滑り落ちる可能性がある。粉体の性状とベルトの摩擦など物性を勘案してベルトコンベアの傾斜を決定する必要がある。

図表3-22　異物検査用のコンベア

図表3-23　粉体輸送コンベア

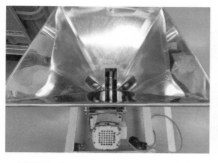

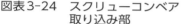

図表3-24　スクリューコンベア
取り込み部

図表3-25　スクリューコンベア全体

2）機械的強制力による輸送：代表的な物にスクリューコンベアがあ
る。スクリューの回転による軸方向の推進力によって粉体は輸送され
る。スクリュー方式は構造上密閉されているので、食品衛生面から粉体
食品の輸送に適している。しかし造粒したものや付着性の強い粉体の場
合、スクリューとシリンダー内面との間で噛み込みが起き、粒子の崩壊
による製品品質の低下や過負荷によるモータの破損が起きる事があるの
で注意が必要である。

3）バケットコンベアによる輸送：エンドレスチェーンあるいはベルト
に多くのバケット取り付けを筐体内に納めたもので粉体の垂直輸送に使
われることが多い。粘着性を持つ粉体には適さない。

4）振動コンベア：このコンベアはワークに慣性力を与えて搬送する慣

図表3-26　粉体用バケットコンベア

図表3-27　さつま揚げバケット
コンベア

図表3-28　カッターとバケット
　　　　　コンベア

性の法則を利用している。コンベア上に物を置き、前後にスピード差を
つけて動かすと進む。輸送だけでなく篩い分け、脱水、乾燥、切り出
し、供給、排出、乾燥、冷却の機械装置に組み込まれて使用される。食
品工場の中では振動コンベアは目立たないが案外と多用されている。下
に食品工場で使用されている例を示した。振動コンベヤの動力源として
は、次のように大きく分けられる。

1.　振動モータ（バイブレータ）仕様
　（1）強制型：特徴は構造が簡単でメンテナンスの必要がないが、振幅
　　　　が大きいため床面や他の機器に振動が伝わりやすい。
　（2）共振型：小さな動力で大量搬送が可能である。振動源は振動モー
　　　　タ1台のみであるが他の振動コンベアと比較すると振幅が小さ
　　　　く、そのためコンベア本体の騒音は当然小さい。
2.　汎用モータ仕様
3.　エアー振動仕様

図表3-29　振動デパンナー

図表3-30　振動コンベア内蔵の
　　　　　自動計量器

図表3-31　包装機に組み込まれた
　　　　　振動コンベア

Ⅲ-3-3-3　空気輸送・ニューマチック（Pneumatic）*

　粉体の輸送に空気の圧力を利用した装置で基本的には真空法と圧力法
がある。この装置に適している粉体は水分が少なく輸送管壁への付着が
なく粒子間凝集力の小さい粉体であるが、空気輸送には種々の改良が成
され広い範囲で使用されている。基本的な構成は①混入器、②輸送管、
③分離器、④空気ポンプ及び空気圧縮機である。空気輸送における小
麦、とうもろこし、麦芽、でん粉、ブドウ糖の空気速度は15〜30m/s
で行われ、大豆では20〜40m/sで行なう。空気の管内速度が遅すぎる

＊空気輸送（pneumatic：ニューマチック）：空気などの媒体ガスを輸送管の中を通して粉
　粒体を輸送するもので、粉粒体の流動様式からプラグ流、摺動流動化流、浮遊管底流、
　浮遊分散流の４種類がある。

と輸送物が気流から分離してしまい、管内閉塞を起こし輸送不能となる。

　粉粒体食品を空気輸送する場合の問題点として、①破砕、吸湿、品温上昇による製品品質劣化、②管内付着による微生物繁殖、③粒子の衝突、摩擦による凝集、融着の発生、④吸湿による固化、⑤造粒製品の変形と微粉化、⑥静電気発生や高温による粉塵爆発　があるので空気輸送を採用する場合は留意しなければならない。

図表3-32　サイロ用空気輸送用
　　　　　ポンプ

図表3-33　同フィルター

図表3-34　製粉工場に張り巡らされた
　　　　　空気輸送パイプ

第IV章

食品製造の
生産技術を支える
単位操作の要点

Ⅳ-1　食品の熱処理

　食品加工には焼成、蒸煮、殺菌など加熱による加工に加えて冷凍、解凍、冷却などの温度を低下させる熱処理も多用されている。

Ⅳ-1-1　伝熱の機構

　熱が伝わるには物質間には温度差が必ず必要である。したがって2つの物質の間に温度差が無い時には熱の移動は絶対に起こらない。工業的に伝熱を考える時には熱の量よりむしろ熱の伝わる速度の方が注目されている。伝熱速度を大きくするには物質間の温度差を大きくし熱抵抗をできるだけ小さくする必要がある。食品の混捏等を行なう時には摩擦熱が発生するので食品の望まない温度上昇を防ぐために摩擦熱を逃がすための放熱の技術が重要である。伝熱の理論は周知のごとく熱伝導、熱対流、熱放射の三つの機構があるが、次にその三つの機構中の主に熱伝導で焼成される食品の例を挙げてみた。

Ⅳ-1-2　熱伝導

　熱伝導は物質の分子が持っている運動エネルギーが次々に隣の分子に伝わって広がる現象のことを言い、分子自身が単に振動しているだけで熱は伝わらない(移動できない)。純粋な熱伝導は固体壁を通してのみ行なわれる。一方向に対する伝熱速度(単位時間の伝熱量)は熱伝導の基本であるフーリエ式と呼ばれる次式で与えられる。この式は時間とともに温度差 ΔT が変化しない定常状態のみに成り立つ。

$$Q = Aq = kA\,\Delta T/l = \Delta T/R$$

Q：伝熱量 $[\mathrm{J \cdot s^{-1}} = \mathrm{W}]$、$q$：伝熱流速 $[\mathrm{W \cdot m^{-2}}]$、$A$：伝熱面積 $[\mathrm{m^2}]$
l：伝熱距離　ΔT：両側の表面温度の差 $= t_1 - t_2$ $[℃]$、比例定数 k は物質による特性値で熱伝導率または熱伝導度とよばれ単位は物質の熱伝

導率κ [W/m・K] である。R：伝熱抵抗 [K・W^{-1}]

材料	熱伝導 / (Wm^{-1}K^{-1})	材料	熱伝導 / (Wm^{-1}K^{-1})
カーボンナノチューブ	3000-5500	白金（Pt）（0℃）	72
ダイヤモンド（C）	1000-2000	ステンレス鋼	16.7-20.9
銀（Ag）（0℃）	428	石英ガラス（0℃）	1.4
銅（Cu）（0℃）	403	水（H2O） （0℃－80℃）	0.561-0.673
金（Au）（0℃）	319	ポリエチレン	0.41
アルミニウム （A1）（0℃）	236	エポキシ樹脂 "bisphenol A"	0.21
シリコン（Si）	168	シリコン（Qゴム）	0.16
炭素（人造黒鉛）（C）	100～250	木材	0.15-0.25
真鍮（Cu：Zn＝7：3） （0℃）	106	羊毛	0.05
ニッケル（0℃）	94	発泡ポリスチレン "Styrofoam"	0.03
鉄（Fe）（0℃）	83.5	空気	0.0241

図表4-1　主な物質の熱伝導率

図表4-2　クレープ焼成器

図表4-3　どら焼き焼成機

図表4-4　錦糸卵焼成機

図表4-5　錦糸卵シート

図表4-6　アイスクリームコーン
　　　　　　焼成機

Ⅳ-1-2-1　断熱材と保温

　高温の反応器や貯槽や蒸気管などをそのまま外気中におくと、熱伝導・熱対流・熱放射により表面から大量の熱が奪われる。それを防ぐためには断熱材で表面を被覆しなければならない。即ち容器等の保温である。反対に冷凍装置は外からの熱の侵入を防がねばならない。これは保冷と呼ばれ温度の上昇を防ぐものである。工場で装置や配管を保温するのは次のような目的のためである。

（1）内容物の温度を一定に保つ。

（2）熱経済、燃料や電力の節約。

（3）高温あるいは低温の装置に直接人が触れると危険なので装置等を覆い、人との接触を防ぐ。

図表4-7　断熱層の厚いトンネル
　　　　オーブン

図表4-8　冷凍機と断熱

　断熱材（保温材）は熱伝導度ができるだけ低く、断熱材の内部で対流を起こさないことが必要である。空気は熱伝導度が極めて低いけれども対流を起こし易いので、その為そのままでは断熱材として利用できない。固体材料は概して熱伝導度が大きいが内部に微細な気孔を持つ組織を作り、静止状態の空気の特性である断熱性を利用する事で断熱効果を持たしている。保温材は水分を含むと使用時において断熱性が低下するので、施工中に保温材が濡れないようにかつ水分を含まないようにしなければならない。そのために湿気や雨には注意しなければならない。

Ⅳ-1-3　熱対流

　熱対流とは気体や液体の分子が移動し、流動体の高温部分と低温部分が混ざる事によって伝熱が行なわれる現象である。そのため流動体ではない固体では分子の移動がないので対流が起こることは考えられない。流体の伝熱においては純粋に熱伝導だけで起きると言う事はなく必ず対流の現象も伴う。室温を暖めるとか水の加熱などの流動体での加熱は主として対流によって行なわれる。対流には流体の一部が熱せられた時に、その部分の流動体の密度が低くなり自然と上昇移動するために起きる自然対流と、流体を攪拌する時やポンプなどにより流動体の移動を強制的に行なうなどで起きるの強制対流がある。

図表4-9　対流型ラックオーブン

図表4-10　対流型スパイラル
オーブン

Ⅳ-1-4　熱放射

　すべての物質は絶対零度でない限り、常に表面から熱線（輻射線）という一種の電磁波を出している。この電磁波の放射現象を熱放射と言う。熱放射線は光と同様に直進し、途中にさえぎる物質があると吸収されて吸収した物質内で熱に変る。太陽の熱が地球に届き地球を暖めるのはその例である。伝熱においては一般的に熱伝導、熱対流、熱放射を伴うが、高温になるほど放射伝熱が支配的になる。

　熱放射の熱線の正体は電磁波でもあるが赤外線と呼ばれる光でもある。赤外線は可視光線に近い周波数が高く波長の短い近赤外線から周波数の低い波長の長い遠赤外線が含まれている。伝熱に伴う熱伝導、熱対流、熱放射の三つ機構に加えて、食品の熱加工においては熱放射の熱線の波長の違いが調理に与える影響が大きいことはよく知られている。

　例えば街で備長炭を使用した炉端焼きであるとか、焼き肉屋で備長炭を使用しているとかの看板が目につくことがあるが、これは何を意味するかというと木炭の中でも備長炭は遠赤外線を大量に放出し、これの熱の浸透が良いために対象物が均等に焼けるからうまいという事を強調しているわけである。かつて著者は反対に遠赤線発生装置を使用してトーストを焼くテストをしたことがあるが、この時は食パンがただ乾燥焼きになってしまい表面は焦げず、こんがりしたトーストを作ることができなかった経験がある。遠赤外線だけではこんがりしたトーストにはなら

ず、熱線にもいろいろあるということを学んだ。

　このことからわかることは食品の加熱調理を行うときは熱伝導、熱対流、熱放射の何れの機構を主体としたものであるか、また熱線はどのような波長の熱線が発生できる加熱調理装置を使用するとよいかを、よく検討をしなければならないということである。食品製造ラインの加熱装置を選択する場合は目指す加熱の目的によって、加熱のどの機構を使うかどのような特性の熱線を使うかをよく検討しなければならない。加熱の方法の選択がおいしい料理や食品を作る秘訣でもある。

図表4-11　炭火にする遠赤でこげを
　　　　　少なくしたあられ焙焼機

図表4-12　こげめを与える
　　　　　電熱ちくわ焙焼機

図表4-13　こげめをつけないように
　　　　　焼く笹かまぼこ焙焼機

図表4-14　ガスバーナによる
　　　　　放射熱で焼く
　　　　　バームクーヘンオーブン

図表4-15　炭火による香りを
付与するかつおの
たたき焙焼機

Ⅳ-1-5　クッキング

　食品の調理には多くの操作（カッティング、味付け、熱処理、盛り付けなど）があるが、ここではクックの本来の意味である食品の熱処理としての、クッキング（加熱調理）について述べる。元々は食品の調理は家庭などで小規模に行なわれてきたが、現在では社会の変化に伴って食品は工場において大量加工により生産されるようになってきている。

　熱調理的なクッキングとしては、煮る（boil）、炊く（cook, boil）、蒸す（steam）、焼く（roast）、揚げる（fry）、炒める（stir-fry）、高加熱（加熱水蒸気）、最近はチンするという動詞もあるマイクロ波加熱（電子レンジ）など様々な加熱方法がある。

　加熱すると食品中のでん粉質は糊化する（糊化温度は70℃前後で種類により特有）。糖類の水溶液は高温で加熱すると還元糖になり、これが脱水されたものが縮合して褐色物質に変化する。たんぱく質の多くは加熱により凝固するが、たんぱく質の1種であるコラーゲンは加熱によって一旦液化するけれども冷えると凝固する例など、食品の多くは加熱により構成成分が化学変化をする。この変化のように食品加工において加熱は欠くことのできない重要な調理のための操作である。最近では新たな方法として大量調理の手段として熱風加熱、水蒸気過熱、熱風過熱＋水蒸気（コンビネーション）のモードを持っているので多彩な調理

ができるスチームコンベクションオーブンが注目されている。

図表4-16　大量調理の加熱に
　　　　　用いられるスチーム釜
　　　　　転倒式

図表4-17　カレーなどの加熱に
　　　　　用いられ転倒する
　　　　　加熱攪拌機（レオニーダ）

図表4-18　給食炊飯に用いられる
　　　　　ことの多いトンネル型
　　　　　連続炊飯器

図表4-19　環境の温度上昇が防げる
　　　　　電磁誘導（IH）式炊飯器

図表4-20　蒸しケーキなどの
　　　　　多量生産に使用される
　　　　　トンネル型蒸し器

図表4-21　水産物の加熱に
　　　　　利用される
　　　　　連続スチーマー

図表4-22　加熱蒸気を加え
しっとり焼き上がる
スチームオーブン

図表4-23　連続的に焼魚などが
焼けるトンネル型
ロースター

図表4-24　ピラフなどプログラムに
より調理する自動炒め機

図表4-25　高周波による分子振動で
加熱する電子レンジ

図表4-26　揚げ物に用いる
ドーナッツフライヤー

図表4-27　骨付フライドチキン
などに用いる
高圧フライヤー

図表4-28　焼く、蒸す、煮るが巾広くできる
スチームコンベクションオーブン

Ⅳ-1-5-1　放冷

　加熱調理を行なえば食品の温度は当然上昇する。食品は加熱の後に細菌の繁殖する中途半端な温度で長い間放置すれば微生物増殖の可能性も高くなり食品の腐敗が早まることになる。また次の工程の加工が行ない難くい点もあるので加熱後の食品は次の加工のためや包装後の細菌の繁殖を防ぐためにも素早く冷却されなければならない。

Ⅳ-1-6　殺菌

　食品の殺菌は加熱殺菌、薬剤殺菌、放射殺菌に大きく分けられる。ここでは化学工学的な殺菌法として加熱殺菌のうちHTST法（高温殺菌法・High temperature short time）、高温度短時間殺菌法について述べる。微生物は生息の至適温度を越えると酵素の不活性化及びたんぱく質の凝固などによって、代謝作用が妨げられた結果微生物が死滅することを利用して殺菌が行われている。細菌の死滅速度は殺菌温度の上昇によって指数関数的な法則に従う。

　すなわち殺菌時間は殺菌温度によって指数的に短縮されるが、食品中のビタミンなどの栄養成分あるいは呈味物質の破壊も温度上昇によって促進される。例えばビタミンＣの破壊は化学的分解反応であり、殺菌は生物学的分解反応である。生物学的分解反応は化学的分解反応に比べて、その活性化エネルギーが大きいので温度係数は数倍に達する。この

図表4-29　佃煮の温度を低下し
　　　　　防止する送風放熱機

図表4-30　製品の温度を低下し
　　　　　後工程を容易にする
　　　　　インライン冷却機

図表4-31　パン用スパイラル型
　　　　　クーリングタワー

図表4-32　スライスを容易にする
　　　　　為のパン用冷却コンベア

図表4-33　蒸発潜熱を利用して
　　　　　製品の温度を低下させる
　　　　　真空冷却機

図表4-34　蒸発潜熱を利用して
　　　　　製品の温度を低下させる
　　　　　真空冷却機

温度係数の特徴を利用して殺菌の至適温度が求められる。例えば絶対温度373K（100℃）・400分よりも393K（119.9℃）・4分、あるいはそれ以上の413K（139.9℃）・0.08分の条件の方がビタミンCの分解ははるかに少なくなる。このように高温度短時間殺菌（HTST）は殺菌効果を維持しながら食品の熱処理における栄養成分の分解防止のためには非常に効果的な殺菌法である。

Ⅳ-1-6-1　HTST法の応用

HTST法の応用であるUHT法（Ultra high temperature）、超高温殺菌法は牛乳をHTST殺菌によって最初343.1K（70℃）から349.1K（76℃）に予熱しておき、続いてUHTを利用して413.6K（139.9℃）から421.9K（148.8℃）で3〜20秒殺菌した後に、305.4K（32.3℃）付近まで冷却してから無菌充填する方法である。

HTSTは伝熱装置の関係から以前には使用は低粘度流体に限られていた。その理由は高粘度流体の管内の流動が層流に成りがちで等温線が生じ易いことにより、そのような層流による不均一な加熱を避けるために流路の管の直径を3〜13mmの細管にして加熱の不均一を防ぎ、圧力上昇を防止するために流路の管の本数を増やして、流体に余り圧力を掛けないように工夫されている。

レトルト（Retort）とは一般に加圧下で100℃を越えて湿熱殺菌することを意味する。レトルト殺菌に使用される袋をレトルトパウチ、殺菌された食品をレトルト食品と呼んでいる。缶詰の殺菌方法としては古くからあったが、袋による本格的な商業利用は1968年のボンカレーが最初である。殺菌温度は120℃、30〜60分が一般的で、105〜115℃のセミレトルト、130℃以上のハイレトルト（HTST）などもある。

Flame殺菌という方法もある。これは直火の極めて高い殺菌温度を用いる方法である。豆類、牛乳、マッシュルーム、トマトジュースなどの殺菌に応用されている。この殺菌法を行う時には加熱殺菌の伝熱速度は缶内の熱伝導によって律速される為に、缶を可逆的に回転させることに

図表4-35　給食用食器の殺菌に
　　　　　用いる滅菌乾燥機

図表4-36　レトルト食品の殺菌用の
　　　　　レトルト釜

図表4-37　豆腐工場のHTST
　　　　　殺菌装置

図表4-38　液体食品添加物の
　　　　　殺菌タンク

図表4-39　食品製造に用いられる
　　　　　Haccpper水製造装置

図表4-40　食品製造に用いられる
　　　　　殺菌水製造装置

よって缶内部の液体流動を激しくさせて局所的な異常の温度上昇を避け品質の劣化を防ぐ方法が採られている。

Ⅳ-1-7　凍結と解凍

　凍結と解凍は相反する伝熱現象である。一般的な冷凍や解凍においては最大氷結晶生成帯（−3℃付近）の通過中には、対象物の温度の低下または温度の上昇にかなり時間を要するので、冷凍することによって凍結する食品内部の氷結晶が成長して巨大になるために、その氷結晶が食品の生体組織である細胞膜を破壊してしまう。冷凍保存後の解凍される時に破壊された細胞膜からドリップが流出し、食品の組織が壊れ食品の風味を左右する品質劣化の原因になっている。これを防止するために次のような技術が用いられている。

Ⅳ-1-7-1　凍結と解凍の技術

1）急速冷凍：一般的な機械式冷凍法では魚などの対象物はいわゆる緩慢凍結となってしまう。この緩慢凍結では食品は上で述べたように最大氷結晶生成帯の温度域に長く停滞するために、食品中に氷結晶が成長し食品の品質を低下させる。このような緩慢冷凍による食品の品質劣化現象を防ぐために急速凍結とは文字通り素早く凍結することを言う。具体的には食品に−30℃以下の低温の冷気を強く吹きつけ、概ね30分以内のできるだけ短時間に最大氷結晶生成温度帯を通過して凍結させ、−18℃以下まで冷却し保管するというものである。

　急速凍結法として、液体窒素、液体二酸化炭素、ブライン＊、液体フレオンなどの低温液体に浸漬あるいは散布する法と現在主力となっている急速凍結機よる方法がある。急速凍結機は−30℃〜−40℃の強い冷風

＊ブライン：冷凍機の冷媒の冷凍能力を冷却される品物（被冷凍物）に伝える役割をする熱媒体。元来は塩水のことを意味していたが、冷凍では間接冷凍法に使用する二次冷媒を意味し、塩化カルシウム水溶液や塩化ナトリウム水溶液が用いられ、時には塩化マグネシウム水溶液、エチレングリコールなども用いられる。

図表4-41　冷凍パン生地に用いる
トンネル式急速冷凍機

図表4-42　液体窒素急速
冷凍パン生地冷凍機

を利用し、短い時間で一気に凍結するものである。この装置には急速冷却・急速凍結機としてブラストチラーとショックフリーザーがある。ブラストチラーは熱い食品をチルド温度帯まで冷やす機械のことであり、ショックフリーザーはチルド温度帯からマイナス18℃以下まで冷やす機械である。

　これらの急速冷凍法は対象物の温度を急速に低下させることによって、凍結時に細胞内に形成される氷結晶の成長を防ぎ小さくすることにより、食品の緩慢冷凍による品質劣化を防ぐために開発されている。

　電気解凍は食品中の分子の回転・振動運動によって起きる摩擦熱を利用した解凍方法であり、電気解凍には高周波誘電加熱を利用した高周波解凍機とマイクロ波加熱を利用したマイクロ波解凍機がある。

2）高周波解凍法：誘電加熱（高周波加熱）による解凍は誘電体である冷凍品を2枚の平行板電極の間に挟み、高周波電圧を加えて発熱・解凍させる方法である。高周波とは周波数が10KHzから300MHzの交流であるが11MHzあるいは13MHzの高周波がよく使われる。室温の自然解凍に比べて数十倍早いけれども、冷凍対象物の物質不均一性による電波集中によって部分的に過度の解凍を生じ、急激な温度上昇による対象物の部分的過熱の危険がある。そのため魚のような不定形の物より箱に入った冷凍すり身のような定形の物の解凍に適している。

図表4-43　マーガリンの軟化や大型
　　　　　冷凍魚解凍に用いられる
　　　　　大型高周波解凍機

図表4-44　高周波加熱を用いた
　　　　　業務用電子レンジ

3）マイクロ波加熱方式：家庭用の電子レンジとしてよく知られるマイクロ波加熱方式は冷凍品にマイクロ波（周波数300MHz以上）を照射するとマイクロ波が冷凍品の中に入り分子摩擦を起こしてその熱で解凍する。食品への高周波の到達深度は高周波の電波波長が短い程浸透深度は浅くなるので、厚みのある食品の場合は表面と内部で温度差を生じてしまい、対象物の解凍の程度に差ができて不均一な解凍が起こる。

　そのために冷凍魚等解凍用の大型高周波解凍機は家庭用の電子レンジ（周波数2450MHz波長約12cm）に比べて長い波長の高周波の電磁波（915MHzの場合には波長約32.8㎝）を用いている。冷凍魚等の凍結解凍のほか硬化したマーガリンなどの油脂を柔らかくする為にもこの方法は用いられている。

Ⅳ-2　食品の脱水、蒸発、乾燥

　食品製造で食品に熱を加えて水分を除去する操作は昔から行なわれている。近年その重要性が徐々に高まっており、より精度の高い操作に発展している。蒸発による濃縮は平衡操作なので主に平衡関係及び熱移動が重要である。また乾燥による脱水は熱・物質移動操作として物質の拡散現象が基になっている。

Ⅳ-2-1　食品の脱水

　食品を濃縮することの目的は、例えば次に行う乾燥操作の時のエネルギー消費量を減じる為、砂糖の結晶を作る為、製品重量・容積の減少によって包装・輸送・貯蔵のコストを削減する為、水分活性の低下によって貯蔵安定性を増加する為、好ましいテクスチャーを与える為、フレーバーに変化を与える為などである。

　食品工業における乾燥には、原料となる材料の乾燥と最終製品の乾燥及び製造中に生じる廃滓の乾燥もある。乾燥による脱水の目的は製品として好ましい形態性状にすることと輸送費の軽減にあるが、大きな目的は製品の保蔵安定性を増し、安全で必要時に即座に供給できるようにすることにより究極的には食資源の有効活用促進にある。

　食品科学の分野では平衡相対湿度を水分活性a_w（water activity）と呼ぶ。冷凍食品の場合は同一温度における氷の水蒸気圧と水の水蒸気圧の比がa_wである。食品中での微生物の増殖、酵素反応、非酵素的褐色反応（メイラード反応）、脂肪の自動酸化等に関してはもちろん温度が重要であるが、食品中の含水率よりむしろ水分活性a_wの方がより重要であるとされる。

図表4-45　カット野菜用の
　　　　　遠心脱水機

Ⅳ-2-2　食品の蒸発濃縮

Ⅳ-2-2-1　蒸発の基礎

　蒸発のために使用する熱源には水蒸気が用いられることが多い。水蒸気の圧力に相当する飽和温度で凝縮する潜熱が伝熱面を通して缶内の液に伝えられる。蒸発はほぼ平衡操作と言え、缶内の液は缶にかかる圧力に相当する飽和温度より沸点上昇だけ高い温度で蒸発する。高い熱感受性（熱によって変性する）物質に適用する時には、減圧下で操作することによって溶液の沸点を下げ伝熱の推進を進める。その為に熱に弱い物質に対しては真空蒸発が普通に用いられている。蒸発を行なう際の沸点上昇は伝熱の推進を下げるので好ましくないが、この場合の沸点上昇の原因は溶液の濃度によるものと蒸発器内の液の静圧頭によるものである。

Ⅳ-2-2-2　蒸発器

　食品が熱に敏感で劣化し易いことと、非ニュートン流体*で、その上高粘性であるなど蒸発に厳しい条件がある時に、これらの条件に対応す

---

*非ニュートン流体：ニュートン流体の粘性法則が成立せず、見かけの粘性率がずれ応力（速度）によって変化する場合をいう。

るために食品の特性に合わせて次のような種々の蒸発器が開発されている。蒸発器を選択する際の参考にして頂きたい。

1) **真空パン**：もっともシンプルな構造の蒸発器で2重のジャケットの中で加熱し、撹拌機を付属する時もある。通常バッチ生産で使用され、蒸発に時間が掛かるので真空・低温下で操作される。構造が単純なので低粘度から高粘度の食品まで使える。そのため少量生産のジャムの製造やトマトペーストの最終濃縮に使用される。

2) **標準型蒸発器**：管の下の部分に垂直過熱管が上下2枚の管板に設置されている。供給液は加熱管を浸すように入れられ管を上昇し、中央にあるダウンテークを降下し循環する。これは砂糖の濃縮に利用される。

3) **液膜上昇式蒸発器**：材料である供給液は管型熱交換器の底部に供給されると管を上昇して、管の上部から出たところで液と蒸気は分離器で分けられている。加熱缶は3つの部分に分けられている。底部には液が溜まり蒸発は起こらず加熱のみが行なわれる。中央部分では液温が上昇し蒸発が起こる。頂上部では蒸発量が増えると液は膜状に這い上がり上昇するようになる。頂上部では伝熱速度は大きいがその他の部分では伝熱速度は小さい。底部では静水圧による沸点上昇がおこる。構造上中央部でホットスポットができ変性たんぱく質などが付着し易いので注意しなければならない。この蒸発器はたんぱくを含むミルクやゼラチンの蒸発に用いられる。

4) **強制循環液膜上昇式蒸発器**：上の液膜上昇式蒸発器を1度通過するだけでは蒸発能力が不足する場合があるので、液をポンプにより強制的に循環させる方式の蒸発器である。そのために液の滞留時間は長くなる。トマトジュース、コーンスティープリカー（トウモロコシからデンプンを作る工程で得られる可溶性成分を乾燥したもの）、ミルク、砂糖液等の糖液の蒸発に用いられる。

5) **液膜下降式蒸発器**：長管の頂部から液を供給し、管内面を膜状に液を降下させる間に伝熱蒸発する。静水圧がなく伝熱係数も大きいために食品の蒸発によく利用される。コーンシロップ、グルコース、フルーツ

図表4-46　和三盆製造に用いる
　　　　　サトウキビ搾汁液蒸煮

図表4-47　加熱変性を防ぐ
　　　　　低温濃縮機

図表4-48　遠心力を利用して溶液を
　　　　　薄く広げ蒸発させる
　　　　　遠心式薄膜真空蒸発装置

ジュース、コーンスティーブリカー、砂糖液などに利用されている。

6) **撹拌型液膜下降式蒸発器**：液膜下降式蒸発器にロータを取り付け遠心力により缶内壁に液を分散する。ロータについた刃と缶壁の隙間は0.2～2.0mmで刃は伝熱面をはくように回転する。高粘度、結晶を析出する液、熱伝導度の低い液に適する。横型の蒸発器もある。トマトペースト、濃縮フルーツジュース、酵母抽出液に利用される。

7) **プレート型蒸発器**：殺菌などに利用されるプレート型熱交換器を蒸留器に組み込んだ物である。洗浄が容易でプレートの枚数を変えて伝熱面積を拡大縮小できる。ミルクやフルーツジュースに使用する。

8) **遠心式蒸発器**：水蒸気を内部に吹き込み下面を伝熱面としたコーン

状のユニットを多数重ねて蒸発器の中で高速回転させる。液を遠心力により中心よりコーンの下面に供給し、遠心力として薄膜として伝熱し蒸発させる。濃縮液および凝縮液は外周を通り、発生蒸気は中央部を通り排出される。滞留時間は短く、高粘性液に適する。トマトペースト、濃縮フルーツジュースに用いられる。

9）**回転スチームコイル真空蒸発器**：水蒸気加熱用コイルが液の中で回転し真空にして使われる。伝熱面がきれいに保たれるので高粘度液でも使用可能である。50％のトマトジュースなどに使用される。

IV-2-2-3　食品の蒸発時の問題

　食品の蒸発を行う際に特有な問題として食品の流動性が複雑であること、劣化変性による食品の品質低下、蒸発器の伝熱面が汚れること、揮発成分の散失による回収の問題がある。

1）**食品の流動性と蒸発器**：食品は多成分系の上に部分的に細胞が集合して組織状になっているので流動の挙動が複雑である上に、蒸発を行うことによって粘度が高くなり非ニュートン性も増加してくる。蒸発により粘度が増加すれば当然伝熱面での境膜が厚くなり伝熱係数が低くなるだけでなく、伝熱面に接触する液のよどみの部分の温度が高くなり劣変や伝熱面の汚れの原因となる。

　このような高粘度の食品の蒸発器として開発されたものが、撹拌型と遠心式蒸発器である。回転スチームコイル真空蒸発器は高粘度及び非ニュートン性を念頭に置いて開発されたものである。食品は擬塑性流体、あるいはビンガム流体で表せ、ずり速度とずり応力の関係が上に膨らんだ曲線を描く、そのためずり速度を上げてやれば見かけ上の粘度が低くなる。コイルを回転させるのはずり速度を大きくすることに相当する。もう一つの方法として食品中の高分子を酵素により加水分解して低分子化し粘度を下げる方法もある。一例としてリンゴジュースをエンド型ポリガラクチュロナーゼやペクチンエステラーゼなどの酵素で処理することもある。

2）蒸発中の食品の劣変：食品は蒸発の操作中に熱のために様々な劣変反応が起こり品質は低下する。そのような劣変の原因は酵素反応、非酵素的褐変反応（メイラード反応）、脂肪やビタミンの酸化反応、たんぱく質の熱編成である。微生物の増殖が可能な温度域では微生物によるダメージも考慮しなければならない。乾燥による劣変は温度低下によって防げるので、境膜の厚さを薄くして伝熱面での温度上昇を防がなければならない。劣変には装置内の滞留時間も重要な要因であるので滞留は短い方がよい。

3）伝熱面の汚れ：食品の蒸発中の液のあたる伝熱面は著しく汚れ、それに伴い伝熱係数の低下は著しい。トマトペーストの蒸発中の伝熱面の汚れ中と溶液中の成分を比較すると、糖、ペクチン、繊維分、灰分は同じであるがたんぱく質含量は汚れの中の方が圧倒的に多かった。この例を見ると伝熱面の汚れはたんぱく質が熱変性し沈着したものと考えられるが、ペクチン質や繊維等の高分子も汚れを促進する。汚れの沈着を防ぐには低温で操作する方がよいが、伝熱面をよく攪拌して境膜と液体間の物質移動をよくすることが重要である。沸騰が起きると攪拌効果があり汚れの速度は下がるが、管内の液 - 蒸気中の蒸気が大きくなりすぎると汚れ速度が大きくなる。これはホットスポットが発生するためと考えられている。これは液の均一的な加熱をし、局部的な沸騰が起きないように示唆している。

4）揮発微量成分の回収：蒸発操作中の揮発成分の散失は避けられない。悪臭物質は散失した方がよいが芳香成分の散失は食品にとって重要な問題である。蒸発は乾燥操作と異なり平衡操作であるので平衡蒸気圧または比揮発度が高いと芳香成分の保持率の低下につながる。そのため蒸発操作での芳香成分の保持はあきらめ、とりあえず芳香成分を蒸発させて、それを精留塔等により回収して最後の段階で濃縮液に添加する方法がとられている。

Ⅳ-2-3　食品の乾燥による脱水

Ⅳ-2-3-1　乾燥機構と乾燥特性
1）乾燥の3期間と乾燥特性曲線

　多孔性材料をある温度・湿度環境に吊るし、含水率と材料温度の変化を追跡すると**図表4-49**のようになる。図中の区分はⅠ：材料予熱期間、Ⅱ：定率乾燥期間、Ⅲ：減率乾燥期間である。材料の初期温度が低いとある温度における飽和湿度は小さく材料温度は増大する。材料の温度が上がると材料の温度上昇は止まる。この期間が材料予熱期間Ⅰである。この時の乾燥速度は材料内部から常に充分な水が表面に供給されている間は、材料温度は一定で飽和湿度も変化しないので乾燥速度は一定となる。この期間が定率乾燥期間Ⅱである。乾燥速度は空気条件のみによって決まる。乾燥が進み含水率が減少して限界含水率に達すると、材料表面に自由水が供給されなくなり、この含水率で定率乾燥期間は終了する。表面に水分供給がされなくなると乾燥速度が小さくなり、減率乾燥期間Ⅲとなり材料温度が増加し始める。減率乾燥速度は外部条件よりはむしろ材料内の水分および蒸気の移動機構によって規定されるようにな

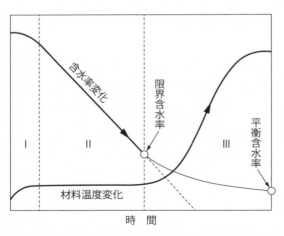

図表4-49　乾燥の3期間（定常乾燥条件）

る。

2) 材料内水分の存在状態と限界含水率

　乾燥の3期間における乾燥特性を理解するには、材料内水分の存在状態及び水分の移動機構を知る必要がある。食品中には次のような状態で水が含まれている。①付着水：その湿度の純水の蒸気圧と同じ水、②毛管水：食品の様な多孔質固体内部の空隙は種々の太さの毛管が網目状になっていて、そのような毛管に吸蔵されている水は毛管水である。毛管は細いほど保水力が大きく、そのため太い管から細い管の順に脱水されていく。毛管内の水が除去されると空隙には懸吊水が残る。毛管水の保有力は毛管吸引力である。③オスモティック水：粘土のような微細粒子は表面に界面電位を帯びており、浸透水はそれらが相互に反発し合うことによって吸収された水である。粘土だけでなく食品中のたんぱく質、核酸、荷電を持った多糖類溶液も粘土中の水のようなオスモティック水である。比較的低分子物質や塩類溶液は半透膜を介して浸透圧を示すがこれはオスモティック吸引力による。④吸着水・結合水：物質の周りに単分子層となって吸着または結合されている水のことである。

　食品中にはこのように強く結合した水から緩く含まれている水まである。これらの水の存在状態と乾燥特性の関係は定率乾燥期間Ⅱでは毛管力やオスモティック吸引力で水が表面に運ばれ、減率乾燥期間Ⅲでは吸着水や結合水が脱水するが、水の移動は毛管吸引力、拡散により起こりそれに加えて蒸気としての移動が加わる。

Ⅳ-2-3-2　乾燥装置

　食品の乾燥機には処理量の大小、材料や製品の形状、材料の乾燥前後の形状等の特性に応じて、次のようなそれらの条件に対応する多種の乾燥機がある。乾燥機を選ぶ際の参考にして頂きたい。

1) トンネル乾燥機：熱風が通っているトンネル中の乾燥対象物を懸架あるいは棚段の台車に積んで移動させることによって連続的に乾燥を行なう。

2) **回転乾燥機**：円筒の回転により粒状材料を攪拌させて熱風と接触させて乾燥する装置である。スチームチューブロータリー乾燥機は円筒の内側に水蒸気加熱管を備え過熱管からの伝導によって乾燥される。蒸発水分は自然通風により除かれる。通気乾燥機の中でも通気回転乾燥機は二重円筒よりなっており、乾燥材料は内円筒上をキルンと同様な動きで移動する。内筒は多数の羽根を付けた構造で、熱風は内外筒の間を通り材料があるところだけから吹き出されて材料に通気される。

3) **通気乾燥機**：粒状等の材料の充填層の中に熱風を強制的に通気して乾燥する方法である。これは乾燥器（室）内の上層部に熱風を平行流として流す方法に比べて効率が良い。通気竪型乾燥装置では材料を上部より連続して投入し自重により移動層として落下させ、底部から取り出す間に熱風を下部から送り込み乾燥する。通気バンド乾燥機は金網とか多孔板からなるバンドの上に材料を載せ、下あるいは上から通気する構造になっている。

4) **流動層乾燥器**：通気乾燥器で下からの熱風の流速を上げていくと、最低流動化速度と呼ばれる流速で層内の通気抵抗が材料の重量と釣り合う。より速い流速で通気するとまるで液中に気泡を含んだような流動状態になり、粉粒状材料が均一流体に近い挙動を示すようになる。この状態で乾燥すると通気乾燥より見掛けの伝熱係数が小さくなるが流動しているために層温度が均一になり、かつ粉粒体の供給および排出が容易になる利点がある。滞留時間分布が問題となるときは横に仕切りを入れて多室とする。

5) **気流乾燥器**：長いダクトに高速で熱風を流し、粉粒状の材料を投入して熱風で移動させながら乾燥させる。伝熱係数が大きいので滞留時間は極めて短く、0.5〜2sである。

6) **噴霧乾燥機（スプレードライ）**：液状の材料を回転円盤、加圧ノズル等で竪型の場合は塔頂から噴霧して微小液滴（数10から数100μm）にして熱風と向流または並流させる。この方法では直接粉末になる利点があり、乾燥所要時間は5〜15sと短く食品の乾燥に適している。

図表4-50　乾燥食品の乾燥と
　　　　　防湿のための乾燥機

図表4-51　スプレードライ乾燥機
　　　　　（上部）
　　　　　粉乳乾燥に利用

図表4-52　塩乾物乾燥の
　　　　　トンネル型乾燥機

図表4-53　粉体乾燥の
　　　　　ドライオーブン

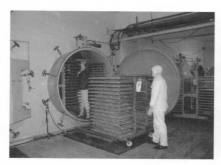

図表4-54　フリーズドライ食品を
　　　　　冷凍乾燥する
　　　　　フリーズドライ装置

図表4-55　減圧により沸点を
　　　　　低下する減圧冷却機

7）**凍結乾燥器（フリーズドライ）**：対象物を氷点以下の温度で凍結し昇華によって水分を除去する。低温で使用するので蒸気圧が低いので真空にして水蒸気の拡散を速くして乾燥速度の促進を図る。伝熱には伝導によるものが多いが放射伝熱を併用することもある。

8）**パッフィング乾燥法（膨化乾燥法）**：さいの目に切ったジャガイモを加圧釜で加圧し400kPaの高圧化から大気圧に開放すると、材料中の過熱された水分が急激に気化して材料を多孔質化して乾燥させる。乾燥時間は著しく短く製品は復水性が良い。

Ⅳ-2-3-3　食品の乾燥時の問題

1）**乾燥中の芳香成分保持**：食品を乾燥する際には種々の問題が起こる事が知られている。例えば乾燥中の香り成分（ppm単位の揮発性微量芳香成分）の散失は含水率の低下によってさらに進む等の問題が知られている。乾燥においては材料内の水分や芳香成分の移動・拡散は重要である。けれども操作の条件をうまく選ぶことによって食品の芳香の保持は可能になる。

　凍結乾燥は真空で操作が行なわれ、氷の昇華により著しく表面積が増加する為に、比揮発度の高い芳香成分の保持率は著しく低いと考えられたが、予想に反して芳香成分の保持率は想定よりも相当に良い。その理由は凍結乾燥製品中の乾燥層の芳香成分の表面吸着のためと始め考えられていたが、そうではなく①表面より離れたところに濃縮されて存在しているのではなく、均一に分布しているからである。②芳香成分は当初存在した層にのみ残り、③凍結乾燥製品を芳香蒸気中に晒すと吸着はするが、吸引をすると脱着してしまうなどの理由が考えられている。

　凍結乾燥には二つの段階があり、一つは凍結段階では純粋な氷とその残りの濃縮物に分離された層は微小な氷結晶とその間隙のやはり微少な濃縮物の不均一な混合物になる。もう一つは乾燥段階では昇華は氷から起こり、次に取り残されたそれぞれの濃縮間隙物から水の蒸発が起こる。凍結乾燥において品質を悪くする原因として崩壊現象があるが、乾

燥中に氷結晶が昇華して濃厚間隙物が残った時に、その部分の水の蒸発速度が遅くなって温度が上昇するために、粘度が下がり全体が溶けたような状態になるからである。

2)　**化学的劣化**：食品の乾燥中に化学反応による品質劣化が見られる。その例の1つはジャガイモに見られる非酵素的褐変である。またラクトースを含むカゼインのナトリウム塩溶液は非酵素的褐変を起こし最終的にはカゼインに着色物質を生成する化学変化をおこす。スキムミルクの乾燥時の熱変性の指標として、牛乳の殺菌が正常に行われたかの検定に酵素の熱変性の程度を理論的に求められている。これは噴霧乾燥を想定しスキムミルクの液滴に応用され、水の拡散係数を考慮し含水率分布を求め、さらに温度変化を求めて行っている。

3)　**物理的変化**：乾燥によってテクスチャー変化、復水性の低下や新鮮感が減少することがある。植物性の食材では細胞内物質が脱水中に細胞膜を通して出てしまうが、これがでん粉などの多糖類が結晶化するなどの原因であると考えられている。動物性の組織で食品が脱水によって柔らかさを失う現象は、筋肉たんぱく質であるアクトミオシン中のミオシンがS-S結合によってつながり、それが乾燥により不可逆的に変性して凝集したことによって起こるのである。

Ⅳ-3　食品の固液抽出・限外沪過

　多成分よりなる食品原料を利用する際には、主成分を分離回収して必要のない微量成分は除去しなければならない。その目的のために食品加工においてはいろいろな分離操作が行なわれている。

Ⅳ-3-1　固液抽出

　食品原料のほとんどは固体の農水畜産物なので、食品工場での抽出操作は固液系の分離操作が多い。これには植物性油脂製造や甜菜糖製造等のように大規模に行なわれるものもある。たんぱく質食品素材や粉末状インスタント飲料の製造においても固液抽出の操作は必須である。

　固液抽出とは固体の原料から液状の抽出液剤を用いて、液剤の可溶性成分である抽質を抽出することで抽出物と抽出残渣を得る操作である。可溶性成分は単一であるとは限らず、これらの成分から選択して抽出の必要のある時は3成分以上の多成分系抽出として取り扱う必要がある。

図表4-56　香気成分などの抽出に
　　　　　用いられる水蒸気抽出機

Ⅳ-3-1-1　固液平衡

1) 固液平衡：抽出材料と抽出溶液をある比率で容器に取り、一定温度に長時間置くと抽出材料の抽出質は抽出溶液に抽出され、抽出残渣と抽出液の間にある比率で分配される。抽出液中の抽質分率は比較的容易に測定できるので、抽料組成と抽残物の保持液量が既知であれば物質収支によって抽残中の抽質分率が求まる。抽出材料と抽出液剤との割合を種々変えて求まる抽出液中の抽残中の抽質分率と関係を固液平衡関係と言う。

2) 溶解度：抽出材料量が決められているとして、どれほどの量の抽出溶剤を使用するかは、抽質の溶解度、処理速度、抽出装置の規模と抽出後の抽質と抽剤の分離の点から考えなければならない。抽出液中に不溶物が生ずると操作に支障をきたす事があるので、必要な抽出剤の最小値は抽質の溶解度によって決まる。

Ⅳ-3-2　限外沪過

　食品に保存性を与え取り扱い易くするには乾燥物にするとよいが、その前処理として濃縮が必要になる。濃縮脱脂乳のチーズ製造に見られるように、濃縮済みの原料液を利用すると製品の収率が上がる。食品工場からの排液には糖やたんぱく質等の価値のある物が含まれており、これらを回収するためには分離・濃縮の操作が必要になる。食品溶液の濃縮には蒸発法、凍結法、膜分離法があるが、膜分離法は常温操作を行えること相変化を伴わず省エネルギー的であること等の利点を持っている。そのため膜分離法は食品加工排水の処理に使用されている。乳業を中心に膜分離法は製品加工でも利用されている。

　膜分離・濃縮法は低分子溶液を含む溶液あるいは高分子溶質のどちらを処理するかによって逆浸透圧法と限外沪過法に分かれる。いずれも膜の両側に圧力差を与えて、溶媒あるいは溶質を透過させる点は同じである。逆浸透圧法は分子量の他に膜との相互作用に関係する物理化学的因子が溶質の透過性に影響するのに対して、限外沪過法の溶質透過性は分

127

子ふるい*的である。

　たんぱく質の供給は世界的にもっとも重要な食糧問題なので、動物性たんぱく質や畜肉生産のために飼料を大量に輸入している。その為新しいたんぱく資源の利用の試みが行われているが、この時には生理的に不適な成分や臭いの除去が必要になる。このような物質の除去を行う時に食品素材としての機能が損なわれないために、たんぱく質が加熱変性をしないような加工法が要求される。その点において加熱を必要としない、膜による分離・濃縮は食品の機能を残すために適した操作である。

---

*分子ふるい：分子サイズの細孔により種々の分子を大きさ別に篩い分ける作用。

IV-4　食品の固液分離

　固体と液体の混合物を液体と湿った固体に機械的に分離する操作を総称して固液分離という。固液分離には沈降・沪過・圧搾・遠心分離などの操作が使用される。沈降操作は固体の濃度が低い固液混合物を沈降室に入れ、粒子を自重によって沈降させ、上澄み液と沈積粒子に分離する操作を言う。沪過は沪布・金網・砂層などの沪材の細孔により液体のみを通し固体粒子を沪材表面や内部で補足分離して、液体・固体もしくはその両方を分離回収する操作である。圧搾は高濃度の固液混合物を分離室で圧搾し液を窄出する操作で、液体の収率向上や湿潤固体のより完全な脱液を目的とする。沪過と圧搾操作を組み合わせた装置も実用化されている。遠心分離は等速の円運動をする分離室へ原料を供給し遠心力を作用させて分離し、固液混合物のほか液体混合物の分離もできる。機械的分離操作は食品工業にとって不可欠な操作であるが、分離の機構自体の複雑さに加えて食品特有の困難さがある。

IV-4-1　沪過

　沪過の対象は固体濃度が数ppmから20vol%程度の固液懸濁液（スラ

図表4-57　茶葉から茶濃縮液の抽出（茶葉の排出）　　図表4-58　赤かぶからの天然色素の抽出

図表4-59　押し舟（伝統的搾汁機）

リー）である。1vol%以上の懸濁液では沪材面に粒子が堆積し、堆積した粒子層そのものが材沪として以降の沪過に沪材として作用する。この沪過機構はケーク沪過と呼ばれる。約0.1vol%以下の希薄な懸濁液では沪材内部で捕捉され沪材表面にはケークはほとんど形成しない。このような沪過は沪材沪過、清澄沪過と呼ばれ、液の清澄を目的とする。1μmm〜2μmmの粒子の沪過は限外沪過、0.01μmm以下の沪過は超沪過と呼ぶ。

　沪過するスラリーに珪藻土などの沪過助剤を混合し沪過を行なう、あるいは沪過助剤のスラリーを事前に沪過して沪材表面に適度の厚みの助剤層を形成し、これを沪材として沪過する方法があり助剤沪過法と呼ぶ。

1) 定圧沪過：沪過の進行に従って沪過速度が低下するので、沪過速度が落ちてきたら沪過を中止して、沪材上の生成ケークを除去した上で沪過を再開する。

2) 連続回転沪過：内側を減圧した円筒の一部分をスラリーに浸漬しながら回転させて沪過する方式も定圧沪過と考えることもできる。プランジャーポンプでスラリーに圧力を掛けて入れると沪過速度が一定な定速沪過となり、渦巻ポンプで圧入すると変圧変速沪過となる。

Ⅳ-4-1-1　沪過装置の型式

1）加圧沪過器：これに分類されるものは圧沪過器、加圧葉状沪過器などある。これ等は沪過が難しいスラリーに利用できる。加圧沪過器に対応のスラリー濃度は10〜20%程度であり、沪過速度は0.007〜0.07kg/m²·hである。圧沪器では沪液流路のある沪板と沪布及びケークが形成される沪枠が端板間に交互に並べられ、沪枠の隅に設けられた通路を通り沪板と沪枠で形成される沪室中にスラリーが圧入されて沪過される。

　加圧葉状沪過器は沪葉を円筒容器内に設置した装置である。炉葉は金網あるいは溝付きの沪板の両面に沪材をつけて沪過面としたもので、沪葉を垂直または水平円筒容器内に垂直に並べ、円筒容器内にスラリーを圧入して沪過する。概して葉状沪過器は助剤沪過に適しており操作の融通性があり労働力には経済的だが、圧沪過器より高価で沪過圧力はやや低い。これらのバッチ装置以外に連続式ロータリーフィルタープレスもある。

2）真空沪過器：沪材の背面側を真空にして上流側を大気圧にし、その圧力差で沪過する方式である。沪過圧力が制限されるので沪過性のよくないものには適さない。連続式には円筒型、垂直円板型、水平型があり、沪過・生成ケークの洗浄・通気脱水・除滓などの一連の行程が周期的に行なわれる。

　ビール製造において仕込み工程の沪過では重力式沪過槽や圧沪器が使用される。砂糖の精製工程では水平円筒型葉状沪過器、食用油の抽出には圧沪器や葉状沪過器が使用され、果汁・食酢・飲料水の清澄や懸濁物を分離するためには垂直・水平型葉状沪過器、水平板型・管状型・回転型円筒型沪過器などが用いられている。寒天製造においては日本農林規格で品質が規定されているため、沪過工程によって製品の品質・収量が左右されるので沪過は重要な操作である。

Ⅳ-4-2　圧搾

　沪過ではポンプを使用して圧送できる濃度のスラリーしか処理できな

図表4-60　清掃中の醸造工場沪過機
　　　　　夾雑物を排除する

図表4-61　メンブレンフィルターは
　　　　　一定の大きさの菌体や
　　　　　粒子を完成補整する

図表4-62　連続回転沪過機（オリバー
　　　　　フィルタ）大量のケーク
　　　　　回収に適し広く利用

図表4-63　オリバーフィルターの
　　　　　スクレーパ

図表4-64　串ざし状にディスク状の
　　　　　ろ葉を並べた真空連続
　　　　　回転沪過機（アメリカン
　　　　　フィルタ）

図表4-65　アメリカンフィルタの
　　　　　内部

いが、圧搾では半固体状の原料でも処理できる。沪過と圧搾を組み合わせることによりスラリー状の原料をより高度に脱液できることがある。圧搾処理で大事なことは搾出液量の時間的変化と圧搾後の最終含液率との関係である。スラリー原料は最初に沪過されて分離室に沪過ケークが形成され、続いて沪過ケークが圧搾脱液される。スラリー原料がすべて沪過ケークなるまでを沪過期間と言う。続いて圧密期間に移行する。圧密期間では圧搾速度は圧搾ケークの透過性、圧縮による粒子構造のクリープ効果*、圧搾圧力並びに搾出液の粘性の大小により影響されると考えられる。

Ⅳ-4-2-1　圧搾装置の型式

1）バッチ式プレス：原料を搾布で包んで圧搾を行う開放型と直接原料をケージに入れて圧搾する密閉型がある。開放型のプレートプレスでは搾布で包んだ原料をプレート板とプレート板の間に積み上げてから、水圧ピストンを上昇させて圧縮脱水を行なう。圧搾圧力は2〜4MPaである。プレート板の代わりにプレス箱を用いた箱型プレスもある。

　密閉型では側壁を沪材とした角形や円筒形ケージに原料を入れて圧搾する。圧搾圧力は概ね42MPaである。通常圧搾速度を上げるために原料の中に沪板を層状に入れて排液面積を増大する。ケージの代わりに蒸気加熱を施した短円筒状のポットを垂直に積んだポットプレスもある。常温で固体状の油脂の分離に適する。

2）連続式プレス：スクリュープレス、ローラプレス、V型円板プレス、圧搾型回転円筒沪過器等がある。スクリュープレスは連続式エキスペラーとも呼ばれ、回転ウォームによって原料をケージ内に取り込み、高圧で圧搾する装置である。ローラプレスにはロールミル、タワープレス、多段ローラプレス、ベルトプレスなどがある。ロールミルは三角形の形にロールを配置して、上部ロールを押し付けて回転させ圧搾と同時

＊クリープ効果：物体に持続応力が作用する時、時間の経過によって歪みが増大する現象。

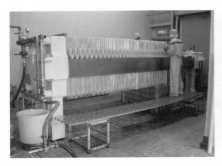

図表4-66　加圧ろ過の代表定な方法　　図表4-67　サトウキビから連続して
　　　　　フィルタープレス　　　　　　　　　　　　糖液を搾る搾汁機

に粉砕も行う。V型円盤プレスは2つの円錐型ディスクの軸を互いに少し傾斜して回転させ、原料を円錐の間のもっとも広い隙間に供給して少しずつ狭隙部に送り込み圧搾する。円板の直径は0.5〜1.5mで、様々な食品、ジュースの製造に利用されている。

Ⅳ-4-3　遠心分離

　遠心分離は遠心沈降と遠心沪過（脱水）に分類される。遠心沈降は互いに溶けない二つの溶液の分離や沈降性の悪い懸濁粒子を除去することによる液の清澄化を目的とする。遠心沪過とはポンプ圧を使用する代わりに遠心力を利用する沪過の方式であり、沪過ケーク（沪材に堆積する固体、沪滓）の脱水もできる。

1）液・液系の遠心沈降では、単位体積の物質の遠心力は密度に比例し、不溶性の重い溶液と軽い溶液の混合した液を回転するボウルに入れると、重い液はボウルの周壁方向に移動して周壁の近くに、軽い液は中央部に集まる。普通は底部中央に原液を供給し、重い液は円筒の堰の外側、軽い液は堰を越えて流出させる。

2）固・液系の遠心沈降ではスラリーを回転ボウルに供給すると懸濁粒子は沈降する。そのため液の出口を中央部に設け外側の出口を閉じれば、周壁に到達した粒子はすべて下方に沈積し分離される。

遠心沪過においては、内面に沪材を設けた回転体（バケット）にスラリーを供給して沪過すると、沪過ケークはバケットの内面に形成され、沪液は遠心力と流動抵抗を受けながらケークの中を通って流出される。

Ⅳ-4-3-1　遠心分離機の型式

1）遠心沈降機：遠心沈降機には円筒形、分離板型、デカンター型がある。回分（バッチ）操作をする場合は固体濃度が約3vol%以下の溶液を行なう場合が多い。円筒型はシャープレス型とも呼ばれる。円筒を高速で回転させ遠心機の中で最大の遠心力が生かせる。円筒の径は5〜15cm、回転数は10,000〜20,000/minで非常に高いが、小型の遠心沈降機なので遠心沈降面積は小さい。

分離板型は多くの分離板で沈降面積を増加させたので構造が複雑になり、回転速度は4000〜10,000/min程度である。ドラバル型とも呼ばれる。機械の頂部から供給したスラリーは底部の近くで反転され、分離板の間を上昇し中心部に向かい流れる間に懸濁粒子は分離板の下の面に沈降し、沈降粒子は分離板の下面に沿いボウル壁へ向かって下降しボウル底部に沈降する。高濃度スラリーは連続固形排出法を用いることが多い。弁排出型はボウルの周りの壁に排出口を設けて、排出口を間欠的に開閉して沈積粒子を排出する方法と、周壁のノズルから連続的に排出するノズル排出型がある。

デカンター型は密度差大の高濃度スラリーに適した装置である。バッチ式のクラリファイアー型は分離板型から分離板を除いた構造で、ボウル底へ粒子が沈積すると運転を停止し排出する。連続式デカンターは固体粒子をある程度脱水し連続的に排出する形式で、円錐や円筒形回転体の中にスクリューコンベアを設け、このコンベアを回転体と少しの速度差で回転させて固体を片方の端から排出しながら、清澄液を反対の端から流出させる。スクリューデカンターとも呼ばれる。

2）遠心沪過器（遠心脱水機）：遠心沪過機のほぼ全部が遠心脱水の機能を持ち、スラリーの供給方式によってバッチ式と連続式がある。遠心

力は500～3000Gの範囲である。ケーク排出は運転を停止し、手動あるいは自動で行う。バッチ式では給液、沪過、ケーク洗浄、脱水、ケーク排出が循環して行なわれる。固体濃度が10～80wt%のスラリーを対象としている。

3) 使用例：ジャガイモでん粉の製造工程では篩に掛けた粗でんぷん乳をノズル排出型の分離板型遠心機を使用してでん粉とたんぱくが溶けた水とに分け、続いて精製でん粉乳を脱水するのに遠心沪過機や回転真空沪過機が使用される。遠心機の導入により従来の製造法よりも工程が能率化され品質が向上した。

乳業でも牛乳中に混在する異物や細菌除去のために沪過機や遠心機が使用されている。特にホモ牛乳では白血球や細胞質の除去のために遠心機が使用されている。異物や沈殿物の分離には自動排出式の分離板型遠心機が使用される。遠心力は5000～8000Gである。

その他円筒型遠心沈降機は果汁、糖液精製、分離板型標準機は油脂、酪農製品、ノズル排出型はイースト、プロテイン濃縮、弁排出型は魚油・鯨油の精製、クロレラの製造などに利用されている。

図表4-68　白下の清浄化に使用される遠心分離機

図表4-69　極めて沈殿しにくいたんぱく分離などに利用される超遠心分離機

Ⅳ-5　食品の粉砕・分級・混合／捏和・造粒

　食品工業に用いられる機械的単位操作として、これまで述べてきたものの他に、粉砕、分級、混合・捏和、造粒、乳化等の操作がある。これらの操作には対象物が食品であるための困難がある。

Ⅳ-5-1　粉砕

　粉砕は物の大きさを小さくする操作であり、広義には肉・野菜等の摩砕、スライス、賽の目カット、ミンチなど食品加工の多くの操作が含まれる。

Ⅳ-5-1-1　原料の物性に対する粉砕操作

1）原料水分：固形原料の水分は微細化する程、粉砕機の操作性や処理能力に大きく影響する。水分が多くなると一般的に粉砕され難くなる。表面に水分が遊離し粘着度を帯びるために、粉砕機の内壁に付着して凝集し緩衝粉砕になり易い。その為に破砕機は能力の低下を起こし、連続運転ができなくなる事もある。このことから水分が多い材料は乾燥が必要な場合もあるが、ある程度水分を含んだ方が柔らかくなって、穀物などでは粉砕し易い事もある。

　水分含量が高いために微粉化によりスラリーになる時は、必要によって加水し湿式粉砕する事もできる。湿式分解では粉塵飛散がなく粉砕熱を生じず過熱し難い利点があるので微粉砕では効率が上がる。スラリー状の粉砕品はポンプ輸送が可能なので食品製造ではよく用いられる。

2）吸湿性：乾燥食品、糖を多く含む食品、調味料は食品の中でも吸湿し易い。これらの食品は粉砕する際に吸湿して粉砕機の内壁に付着をしたり、スクリーンに目詰まりをしたりして粉砕を阻害するので、難吸湿性の物質を混合する為、調湿した室内で粉砕する為、材料そのものを充

分に乾燥する為などの方策をとった上で粉砕する必要がある。

3) 粉砕する時の熱の影響：粉砕する時の投入エネルギーは1〜2%しか有効でなく、残りはほとんど熱になってしまう。食品は一般に熱に弱く、この熱の為に食品は揮発成分の逸失、分解、変質、水分蒸散、熱による軟化などが起こりがちなので、粉砕する際には粉砕熱をできるだけ除去するよう留意しなければならない。

4) 原料による摩耗：食品は一般的に柔らかく粉砕装置の摩耗は少な

粉砕粒度	粉砕力	形式	特 徴	用 途	名 称
粗砕	衝撃剪断	ハンマー	衝撃力で粗砕	骨・魚粕・調味料	ハンマー、ラッシャー
	剪断	回転刃	軟質物切断	食肉・魚肉・果実・野菜	サイレントカッター、ミートチョッパー、カッターミル、スライサー
中砕・微粉砕	衝撃剪断	ハンマー	ハンマー高速回転、汎用、粒度分布大	穀物・香辛料・砂糖・食塩・調味料・乾燥野菜	ハンマーミル、アトマイザー、バルペライザー
		円盤ミル	円盤付けられたピンで粉砕、片側/両側回転型有、汎用粉砕		ピンミル、自動粉砕機
		高速回転気流	大量吸気で温度上昇少、粉砕と乾燥が同時	魚粉、海草、砂糖、ゼラチン、ブドウ糖	ターボミルミクロシクロマット、ウルトラローター
	圧縮剪断	ロール回転	脆弱材料の粉砕に適、表面が平滑と歯型有り、広い用途、粒度分布狭い	小麦製粉	ローラーミル
	衝撃	つき臼型	構造簡単、小規模用	米	スタンプミル
		高速気流式	熱を嫌う物の微粉砕	ブドウ糖、乳糖、砂糖、澱粉	ジェットミル、ジェットオマイザー
	摩擦剪断	湿式高速回転型	砥石用いる物覆い、軟質材料微粉砕	果実、野菜、チョコレート	コロイドミル
	摩擦	ひき臼型	粉砕機として原始的、現在も使用	抹茶、穀類	石臼
		擂潰	粉砕、混合、混和	水産練り製品	乳鉢、擂潰機

表4-70　食品用粉砕装置

図表4-71　薄切り肉を作る
　　　　　　自動ミートスライサー

図表4-72　自動サンドイッチパン用
　　　　　　スライサー

図表4-73　円筒状のもちを薄く削る
　　　　　　あられ切断機

図表4-74　大量の食パンを
　　　　　　スライスする帯のこの
　　　　　　バンドスライサー

図表4-75　冷凍魚のトリートする
　　　　　　バンドソー

図表4-76　豆腐を連続してカット
　　　　　　する厚揚げ用カッタ

い。それでも高速で粉砕する時の衝撃、剪断型の型の粉砕機では想定以上に摩耗が大きくなることがあるので注意する。摩耗を防ぐためには粉砕機の摩耗し易い所に耐摩耗性の材料を使用し、そのような部分を交換がしやすい構造にしておく必要がある。

Ⅳ-5-1-2　粉砕装置の特徴

　食品原料は多くが軟質や脆弱な材質であるので、食品用の粉砕機は剪断力、衝撃力を主要な粉砕力とする軽負荷型のものが多く使われている。粉砕操作は昔から行われているが、理論的体系化は遅れている。食品のスライス、刻みなどの操作のエネルギー消費の基礎的研究も少ない。食品用粉砕機の特徴及び用途を図表4-70に示す。多くの形式があるので用途・目的によって合理的に選択しなければならない。

1) **剪断**：食品を加工する時に包丁さばきという言葉があるが、いかに切断をきれいに行うかは見た目を美しく組織を壊さないなど食品加工の鍵になる重要な操作である。多くの食品製造業において剪断（カット、スライス等）の操作は多用されている。日頃何気なく食している食品には様々なカットの方法が用いられている。

2) **粉砕**：粉砕の目的は、表面積の増加、均一に混ぜる、成分分離、粒度を一定にすることで利用価値を向上することである。食品での利用においては当然香りや味、テクスチュアー、色彩などの官能的な面や食品衛生的な面に留意しなければならない。特に高速で粉砕する際には摩擦で食品の温度が上昇し高温になるために変色や香りが飛ぶ恐れがある。そのようなことがないように粉砕操作を行う場合には注意しなければならない。

Ⅳ-5-1-3　食品粉砕の動向

　食品加工の粉砕単位操作において、最大の問題であった凍結粉砕の際の凍結費用がLNGの拡大により低減され、コスト競争力がついてきたので凍結粉砕が注目されている。凍結粉砕の特徴は

図表4-77　サトウキビを搾汁
　　　　　しやすくするための
　　　　　粉砕機

図表4-78　ミンチ肉を作る
　　　　　肉破砕（ミンチ）機

図表4-79　青汁用に乾燥した
　　　　　葉などを粉砕機

図表4-80　連続的に粉砕した物を
　　　　　大きさ別に分ける
　　　　　粉砕機と分級機

図表4-81　融けるように感じるほど
　　　　　超微粒化する融砕機

図表4-82　ビーズ肉の衝突やせん断等
　　　　　により微細化する湿式媒体
　　　　　攪拌ミル（ビーズミル）

図表4-83　小麦粉の粒を細かくする
　　　　　小麦製粉用ロール

図表4-84　大規模精米工場に
　　　　　設置されている精米機

図表4-85　グラニュー糖を微細化
　　　　　する粉砕機（整備中）

①熱や酵素による食品素材の変質を防止できる
②常温では粉砕が難しい野菜、肉なども粉砕ができる
である。

　凍結粉砕では食品の香り、味、栄養成分が損なわれ難い利点のために、中でも特に香辛料に対しては積極的な利用がされている。これまで利用が少なかった牛骨や野菜残砕なども、凍結粉砕によって利用が可能になってきたので省資源対策として期待されている。粉砕操作では粉砕コストの低減と粉砕製品の付加価値の向上をどこまでできるかが利用のポイントになっている。

図表4-86　フリーズドライされた
野菜の凍結粉砕

Ⅳ-5-2　分級

　粉粒体を粒度によって分離する、あるいは比重・形状・色・成分等の物理的、化学的な性質によって分離する目的の操作は広義の分級と呼ばれる。これには篩い分け、分別、選別等の操作も含まれる。食品領域では一定の範囲の粉粒体の粒度を得るために行う篩い分け操作、有効成分の得るためあるいは異物の除去、品質管理のための分別・選別の操作は重要である。

Ⅳ-8-2-1　篩い分け

　食品の製造では粉体を利用することが多く、製造工程で篩い分け操作を行うことが多い。篩い分け操作は粉砕の後処理や混合・造粒などの前処理として工程条件を調節し、食品素材や顆粒状の食品の粒度分布調整や整粒を目的として行なわれる。工程中や流通過程における偏析（成分が偏る）防止や凝集性粗大粒子（だま）や微粉除去によって作業性や使用性を向上させるなど、篩い分けは商品価値向上の目的で行なわれる。

　篩い分けは網面と粒子との相対的な運動によってなされる。網の特性を表すものに空間率があり、網の全面積に対して目開き部の面積が占める割合は％で示される。目開きが大きい程目詰まりが少なくなるが、線径が細くなると網が弱くなる。両者のバランスを取って篩い分け用の

網は選定される。空間率が大きいほど目詰まりは少なくなる。

　篩い分け機械を流動方式で分類すると

①重力流動方式：傾斜した網面を固定し、上端から原料を供給する方法と円筒を回転させて転動流動を与える方法がある。主に大きな塊の分離に使用される。

②強制流動方式：羽根やブラシによって機械的な強制流動を与える方式

③振動流動方式：面内運動または垂直振動を与える物で、食品関係で比較的多く用いられている。面内運動の方が粒子と網の接触時間が長いために微粉に適している。

④気流同伴流動方式：粉体を気流に乗せて網面に供給する方式で、主と

図表4-87　微粉化した物のサイズを
　　　　　揃える粉砕機と分級機

図表4-88　篩い分けしてサイズに
　　　　　分ける分級機

図表4-89　ロールで挽いた小麦粉を
　　　　　サイズ別に篩い分ける
　　　　　製粉シフター

図表4-90　製粉用ピューリファイア、
　　　　　空気の流とふるいでふすまと
　　　　　と胚乳粒に分ける機械

して微粉に用いられる。ブラシあるいはエアブラシで目詰まりを除去する方法もある。

⑤強制攪拌方式：凝集性粗大粒子の解砕には円筒回転型強制攪拌方式が用いられる。

Ⅳ-5-2-2　風力分級

　天然の食品原料は粒度の大小や成分の異なる物が含まれていることがある。穀類や豆類などではでん粉やたんぱくに富んだ粒を含みまた皮質は繊維や灰分を多く含んでいる。そのために原料の水分処理や温度処理をした後に、微粉砕し分級を行う事により、乾式で成分分離や成分濃縮を行なうことができるようになる。

　この場合のような微粉の分級では風力分級を行なうことが多い。粗大粒子を比重の差で分級する場合も風力分級が使われ、穀類の実の部分と外皮の分離などの精選に使われる装置が多い。風力分級は気流中に粒子を浮遊させ、重力あるいは遠心力・慣性力で、粒子の比重・粒径・形状により決まる速度の差によって分離する。製粉用ピューリファイアなどの典型である。

図表4-91　作業者の視力と集中力に
　　　　　頼る目視異物除去作業

図表4-92　X線の透過率で骨や
　　　　　プラスチック・金属
　　　　　などの異物識別機

図表4-93　液送ラインの異物除去
　　　　　フィルターの分解作業

図表4-94　超強力マグネットにより
　　　　　材料中の金属を取除く
　　　　　金属異物磁気選別

図表4-95　ちりめんじゃこなどから
　　　　　異物を吹きとばす
　　　　　画像解析異物検出器

図表4-96　冷凍食品ラインに
　　　　　組み込まれた
　　　　　X線異物検出機

Ⅳ-5-2-3　異物除去

　食べ物は口に入れる物なので、原料や製造工程に由来する金属、砂や小石、毛髪、その他の異物は取り除かなければならない。金属類に関して、鉄片は磁気選別機や金属検出器によって取り除かれる。石などの対象の食品と比重差が大きい物の除去には気流と振動を利用した分別装置を用いることがある。この他静電気の利用や湿式での異物除去装置もある。また色の違いをセンサーによって識別し分離する装置もある。最近はⅩ線による異物検出も多用されているが、最終的には目視検査に頼らざるを得ない部分もある。現実にはこのために多くの人を必要とする例は多く、生産性を低下させる大きな原因でもある。

Ⅳ-5-3　混合と捏和

　混合は物理的・化学的性質が違う多種の物質をできるだけ均質になるように混ぜ合わせる操作である。食品の場合には粉体間混合、液体間混合、加湿・油コーティング・溶解による粉体と液体の混合、泡立てのような液体と気体の混合等多くの混合がある。加工食品製造では高粘度物質の混合を行うことがよくある。食品製造における混合の範囲は広い。

図表4-97　比較的混合しにくい液体を湿度を調節して撹拌混合する混合槽

図表4-98　投げ込みヒータを入れて加温しながら撹拌する加熱混合

Ⅳ-5-3-1　粉体の混合操作

　2種以上の粉体を混合して均質な混合物を作る操作では、混合状態すなわち混合度を評価する指標が必要である。混合前の完全分離の場合の混合度を0、完全混合状態の混合度を1とすると、実際には混合と同時に反混合作用が生じるために混合度は1にはならず、1に近いところで一定になり平衡に達する。平衡到達後に長時間混合すると混合度や品質に悪影響が出ることがあるので過剰な混合には注意する。混合作用に影響を与える因子には粒子の大きさ、比重、流動性、付着凝集性など性状の違いがある。原料の配合比についても考慮しなければならない。数種類の原料を配合して混合物を作るときには、特に配合比が1：10以上の

型　式	略　図	特　徴	混合状態	回転数	粉体装入率
円筒型		混合時間は長いが、最終混合度は良好。比重、粒度差が大きい場合は不適、両端部に死角ができるのが欠点	最終混合度良好	限界速度の80%	30〜50%
V型		円筒型に比し混合時間は短い、粉粒体の非定常な運動により混合は良好、混合翼を取付ける場合が多い。	混合速度大	50%	10〜30%
二重円錐型		混合時間はV型より若干長い。最終混合度は良好。かきあげ羽根を取付ける事により混合時間の短縮が可能	最終混合度良好	〃	30〜40%
リボン型		リボン状羽根による剪断、移動により混合が行われる。湿潤粉体の混合が可能。混合時間は比較的長い。	〃	20〜100rpm	回転軸より下であること
竪型スクリュー		混合スクリューの自転、公転により、粉体のらせん、上下の運動が生じ、混合が行われる。混合時間は短い。完全排出が可能	〃	自転　60rpm 公転　2rpm	70〜80rpm
高速流動型		高速回転翼による剪断、衝撃にて短時間に混合が行われる。混合比率の大きい場合、極めて有効、ジャケットによる加熱、冷却が可能	〃	200〜3600 rpm	60〜70%

図表4-99　粉体用混合機

時に良好な混合度を得るには粒度を揃えて予備混合の実施後に実際の混合をすることが必要になる。

　混合機は容器回転型混合機と容器固定型混合機に大きく分けられる。容器回転型混合機はほとんど回文（バッチ）型であり、内部も単純で洗浄性が高く、多品種少量生産に適している。容器固定型混合機には回分型、連続型がある。これらには凝集粉体または加湿粉体の混合が可能なものもある。容器固定型は一般的に少品種多量生産に向いているが混合機内の洗浄性は余りよくない。

　混合機の洗浄性も生産性に大きな影響を与える。粉体の混合に用いられる混合機には数種ある、**図表4-99**に混合機の主要な形式について記

図表4-100　二重円錐型回転式
　　　　　　混合機

図表4-101　堅型スクリューで
　　　　　　効率良く混合できる
　　　　　　ナウターミキサー

図表4-102　円筒型回転式混合機
　　　　　　混合に時間がかかる

した。

　混合機の容器容量と粉体量との比である粉体装入率は原料の粒径には余り影響されず、容器回転型・固定型の何れも最適は混合内容積の30～50%とされている。容器回転型の最適回転速度は平均粒径が0.1～1mmの範囲では平均粒径の平方根に比例する。またリボン型混合機の最適回転速度は平均粒径の影響を受けにくい。

Ⅳ-5-3-2　捏和操作

　捏和とは高粘性状態の物質の混合操作をいう。混和は剪断、圧縮、重

図表4-103　グルテンの多い
　　　　　　パン生地を混捏する
　　　　　　横型ミキサー

図表4-104　グルテンの少ない
　　　　　　生地を捏る
　　　　　　フランスパンミキサー

図表4-105　ホイッパーを装着した
　　　　　　ケーキ用竪型ミキサー

図表4-106　ホイッピングに適した
　　　　　　ケーキ用竪型
　　　　　　2軸ミキサー

図表4-107　大型うどんライン用
　　　　　　製麺用連続ミキサー全体

図表4-108　ツインスパイラル製麺用
　　　　　　連続ミキサー拡大

図表4-109　真空高速全自動のボール
　　　　　　カッターは乳化性に
　　　　　　すぐれる

図表4-110　サイレントカッターは擂潰機に
　　　　　　代わり用いられ、練りと混合、
　　　　　　細断、撹拌、乳化が短時間にできる

図表4-111　微細なカット・粉砕の
　　　　　　できるステファンミキサー

図表4-112　カッターミキサー
　　　　　　食品、化学、化粧品など
　　　　　　脱泡、巾広い用途

ね合わせ、延展などが組み合わされて混合作用が進行する。混練、混捏、捏和の違いはそれぞれ厳密に区別されていない。混和機は比較的大きな動力を必要とするが、混和機の種類や原料の物性よって異なる。

　食品における捏和操作は単純な混合・分散からパンなどのドゥ（生地）のように捏和によってグルテンの特性を引き出し、物理的性質を変えるものまである。混合と他の機能、クッキングと混合、カッティングと混合を複合させた機種もある。スクリュー押し出し機でエクストルーダーと呼ばれる機器は連続的に加熱・混練を同時に行なって溶融状態のたんぱくなどを大気中で膨化させる等の一連の加工ができるものもある。

Ⅳ-5-4　造粒

　食品加工における造粒の目的は即溶性を与え食品を使い易く外観を美しくして商品価値を高めることである。造粒の利点はこの他に成分偏析防止、吸湿による固結性防止、品質劣化抑制などがある。身近な食品に調味料、スープ、粉乳、コーヒー、ジュース、菓子などの食品に造粒が応用されている。造粒技術は進んできたが未だに経験的な部分が多い。

　造粒法は粉末を凝集して所定の大きさにする方式（size enlargement）と原料を固まりにして解砕し所定の大きさにする方法（size reduction）に大別できる。粉末の凝集方法には水を添加する湿式造粒法と水を添加しない乾式造粒法がある。通常の顆粒はほとんど湿式造粒で作られる。

　食品造粒の大部分は粉末を凝集して望む大きさにするSize Enlargement法で行なわれる。Size Reduction法は冷却固化して解砕する菓子類や凍結乾燥後解砕する風味を重視するインスタントコーヒーやインスタント味噌汁などに使われる程度である。水を添加する湿式造粒法と水を加えないで固める乾式造粒法とに分けられる。固形状の菓子やスープなどの一部に乾式の圧縮成形法が用いられる。

Ⅳ-5-4-1　粒子の結合力

造粒する際の粒子と粒子間の結合力としては次の力がある。

①固体粒子間の分子間引力（バンデルワース力）

②静電荷力

③粒子表面吸着水による結合力

④粒子間液体架橋による表面張力、毛細管負圧による結合力

⑤粘結剤による結合力

⑥高温、高圧下における粒子の融解による結合

⑦粒子どうしの幾何学的絡み合い

造粒操作とは押し出し、転動あるいは圧縮により、これらの結合力と粒子相互間にうまく機能させることである。食品の圧縮成形造粒では特に①、③、⑥、⑦が主に機能していると考えられている。粒子表面吸着水は重要な役割を果たしており、完全に乾燥した粉末では圧縮成形しにくく強度も弱い。適度な水分を含むものは圧縮成形もしやすく強度も強い。

Ⅳ-5-4-2　原料と造粒法

原料粉体の特性は造粒法の選択または造粒品の品質に影響を与える。造粒を行う時には原料の物性を掴んだ上で、もっとも適した方法と条件を選択しなければならない。造粒に影響を及ぼす原料の特性としては①物理的性質、②物理化学的性質、③官能特性に影響する特性がある。

1）原料の物理的特性：物理的特性とは粉体粒子の形状、大きさ、硬さなどを示す。一般的に粒子は小さい方が接触ポイントは多くなり、造粒し易く結合力の強い製品が得られる。種々の原料が混合される時は偏析防止の点から小粒子が望ましい。原料の粒径が大きいときには粉砕機で適当なサイズ（$100 \sim 200 \mu m$ 以下）に粉砕するとよい。形状は球状よりも変形した方が造粒し易く、柔らかく変形し易い方が造粒し易い。

2）物理化学的特性：食品の造粒には水に対する性質が大きく影響する。親水性で吸湿性の高い材料は装置への付着性が高く圧縮成形できな

図表4-113　製薬、健康食品の錠剤に
　　　　　用いられる造粒機

図表4-114　和三盆の御干菓子成型機

図表4-115　加熱水蒸気渦流混合造粒機は
　　　　　殺菌、溶融、造粒、乾燥、混合が
　　　　　でき健康・青汁葉に利用

図表4-116　同操作盤

い。あるいは湿式造粒の場合水の添加が不均一になり正常な造粒ができ
ないことが多い。グルコースや蔗糖のように溶解度が高く、湿度により
溶解度が大きく変化する物質は造粒中の温度上昇により固相の溶解が進
み、水を添加した時のように付着性が増してペースト状になることがあ
る。例えば粉末果汁や粉末醤油などのように熱軟化現象をおこしやすい
原料での造粒では、添加水分の調整がし易く摩擦熱の出ない流動造粒法
の選択がよい。

3）官能特性：造粒における官能特性に影響する性質とはフレーバーの
飛散性、酸化や褐変反応の起き易さである。食品を造粒する場合はでき
るだけ低温で処理するのが基本である。通常造粒で加熱するのは乾燥工

程なので、熱に敏感なものには乾燥の必要のない乾式圧縮成形法、凍結乾燥、真空乾燥を行なった後に砕く解砕造粒法を用いるとよい。造粒を行うときは原料の特性をよく掴んだ上で、要求される製品の特性や経済性を考慮して最適な造粒法を選びかつ造粒試験を行い確認する。

IV-5-5　乳化

　乳化とは液体（分散相）を混和の難しい他の液体（連続相）に粒状に分散させて分散した液滴を安定化させる事である。液体に粒状に分散させたもの（分散系）をエマルジョンと呼ぶ。代表的な乳化食品にはマヨネーズ、ドレッシング、牛乳、マーガリン、豆乳、アイスクリームなどがある。広義のエマルジョンの応用食品には乳化剤や高分子物質を利用し、水と油を含む食品の保存性を良くしたものと、風味、テクスチュアーを良くしたソーセージ、パン、ケーキなどがある。

IV-5-5-1　エマルジョン*の型

　エマルジョンには水中に油が細かな油滴となり分散している水中油滴型（o/w型・マヨネーズ）と、油中に水滴が分散する型（w/o、マーガリン）、分散相中にさらに細かい粒子を含む複合型（w/o/w、o/w/o型）がある。エマルジョン型を決定する生成条件として乳化剤の種類、両液相の容積比、乳化時の機械的条件等がある。乳化剤が水溶性ならo/w型、油溶性ならw/o型を生成し易い。乳化剤がない時は大量にある方が連続相になり易い。乳化時にどちらか一つの相を細粒化すると細粒化した相が分散相になり易い傾向にある。

　エマルジョン生成には交互添加法（マヨネーズ法）が用いられる。この方法は連続相に乳化剤を溶かし、分散相を撹拌しながら加えることによって得られた粗エマルジョンをホモゲナイザーやコロイドミルに通し均一分散させる方法である。他に水中あるいは油中に乳化剤を溶かした

＊エマルジョン：乳濁液のこと、液体中に液体粒子がコロイド粒子あるいはそれより粗大な粒子として分散して乳状をなすもの。

後に、油または水を加え混合のみで乳化する自己乳化法がある。石鹸形成法は油相に脂肪酸を水相にアルカリを溶解し、これらを混合して界面に石鹸を形成させて安定なエマルジョンとする方法である。

Ⅳ-5-5-2　乳化剤と乳化安定剤

　乳化剤は界面活性剤として水と油の分散を容易にする事で生成したエマルジョンの安定性に貢献する。水に乳化剤を溶解すると急に溶解度が増加する濃度がある。これを臨界ミセル濃度と言う。この濃度以上では乳化剤分子がミセル状になり、油のような疎水性の物質がミセル内部に取り込まれてエマルジョンになる。乳化剤の機能にはこの他に油水界面に配向吸着して強靭な保護膜を形成する、連続相の粘度を上昇し排液速度を遅らせるなどがある。

　界面活性剤にはアニオン系、カチオン系、両性、非イオン系がある。食品用乳化剤としては非イオン系のシュガーエステル、グリセリン脂肪酸エステル、ソルビタン脂肪酸エステル、プロピレングリコール脂肪酸エステルと天然のレシチンがある。

　乳化剤ほど界面張力を低下させないが、保存安定性を示すものに高分子物質や粉末の乳化安定剤がある。高分子物質は水和ゲル化により網目構造を作って安定化する。o/w型エマルジョンにはゼラチン、カゼイン、卵白、アラビアガム、キサンタンガム、ペクチン、アルギン酸などがある。w/o型エマルジョンには長鎖アルコール、長鎖エステルが適している。グアガム、ローカストビーンガム、カラギーナンは増粘剤として使用されている。

Ⅳ-8-5-3　乳化機

　乳化製品の製造の工程の流れは一般に原料の調整、予備混合、乳化に続いて包装である。乳化工程で用いられるものには次のものがある。

1）**攪拌機**：横型やイカリ型攪拌機は大量の粉末やペースト状物質を含んでいる粒子径が粗いエマルジョンの作製に適している。攪拌時に空気

やガスの泡、生蒸気を液体に通すこともある。遊星ギア方式撹拌機は高粘度液体に使用される。汎用のプロペラ式はプロペラの枚数や位置を変更して低粘度から中粘度の液体に対して使用され、条件に適した乳化剤を使用することによって良質のエマルジョンになる。タービン方式は邪魔板を設置して効率化したものと、回転子と固定子の間隔を狭くしてずり作用を大きくしたものがある。撹拌機の短所としては空気を巻き込むために装置の有効容積が減少することによって、油滴全体に効果的な剪断力を与えることができないことで連続運転ができないことがある。

2)　**コロイドミル**：高速に回転する回転子と固定子の間に2相混合物を

図表4-117　調味料工場の
　　　　　　インライン乳化機

図表4-118　フラワーペーストに
　　　　　　用いられている
　　　　　　クリーム乳化機

図表4-119　液体中の粒子を均一に
　　　　　　加工する
　　　　　　ホモジナイザー

図表4-120　ショートニングに
　　　　　　香料・糖数を混合する
　　　　　　バタークリーム製造機

通過させて、剪断力と遠心力により粒子を摩砕する装置である。回転子と固定子との間隙は$25\mu m$まで調整ができ、回転速度は$1000\sim2000rpm$もあり、高回転によって装置の温度が50℃に達する事があるので外部冷却が必要になる。マヨネーズ製造などの高粘度液に適しており、加工された粒子径は約$2\mu m$になる。

3) **ホモジナイザー**：2相の混合液を高圧下でスプリング荷重のバルブに対して圧入し、環状間隙中を高速で通過させて出口の壁に衝突させることにより剪断作用、キャビテーション、衝撃作用を与えて分散させる装置である。第1ステップの高圧ホモジネーションでできた細粒は集合が促進されるので、第2ステップで低圧ホモジネーションによって集合粒を砕いている。コロイドミルに比べ微小で均一なエマルジョンが得られるので牛乳のような低粘度液の製造に用いられる。

4) **超音波乳化機**：磁気ひずみ効果や機械的効果で超音波を発生する機構を持つ装置が多い。後者は液体のジェット噴流がプレートにぶつかり共鳴振動させて超音波を発生させる。超音波乳化作用は界面撹乱やキャビテーションによるものと考えられている。乳化中に全体流動が起こらないと音波振動の小さな部分で凝集が発生することがある。この他剪断作用や混合性を改良した乳化機が開発されている。

Ⅳ-6　食品の包装方法

Ⅳ-6-1　食品包装機

　食品は、何らかの形態で包装がされている。包装は食品の品質や保存性だけではなく見栄えなど商品としての価値さえも決定づける。プラスチックフィルムを使用する食品包装形態としてピロー包装（縦、横）、小袋包装、角折包装などがある。

1）ピロー包装

　ピロー包装とは包装してできた袋がピロー（枕）状になる包装で、包装中にフィルムが製品（内容物）の流れに沿って上流から下流に水平に横移動しながら内容物を包装するものが横ピロー包装で、フィルムが上

半天然物		KPET　塩化ビニリデンコート PET
PT	普通セロハン	PS　　一般用ポリスチレン
MT	防湿セロハン	OPS　延伸ポリスチレン
MST	〃　　（PVC系塗工）	HIPS 耐衝撃性ポリスチレン
K	〃　　（PVDC系塗工）	FPS, FS 発泡ポリスチレン
熱可塑性		Ny, PA　ナイロン、Polyamide
CA	アセテート	ONy　延伸ナイロン
LDPE（PE）	低密度ポリエチレン	CNy　未延伸ナイロン
LLDPE	リニア低密度ポリエチレン	KNy　塩化ビニリデンコート NY
HDPE	高密度ポリエチレン	KCNy 塩化ビニリデンコート CNY
OPP（OP）	延伸ポリプロピレン	PVA　　ポリビニルアルコール
CPP（CP）	未延伸ポリプロピレン	PC　　ポリカーボネート
KOP	塩化ビニリデンコート OPP	EVOH　EVAL エバール　ガスバリア性
PVC	ポリ塩化ビニル	EVA　エチレン酢酸ビニル重合体
PVDC	ポリ塩化ビニリデン	AⅣM アルミニウム真空蒸着
PET	ポリエステル	

図表4-121　主要プラスチックフィルム

から下に垂直移動しながら内容物を包装するものが縦ピロー包装である。

　横ピロー包装機はフィルムが製品を覆うようにして被さり、最初に製品の腹中に当たるところをシール（センターシール）してフィルムを筒状にしつつ、内容物（製品）を充填して上下シール（エンドシール）をして密封することを自動的に連続して行う。通常の横ピロー包装ではフィルムが内容物に被さるように進むので、センターシールは製品の下部の機械内部にてシールが行われるが、逆ピロー包装と呼ばれるものではフィルムが内容物を載せるように内容物の下を通り製品の上部でセンターシールが行われる。

　縦ピロー包装ではフィルムの送り出し、フィルムの両端のシーラー

図表4-122　横ピロー包装機

図表4-123　横ピロー複数個入り

図表4-124　横ピロー冷凍食品包装

図表4-125　横ピローフランスパン包装

図表4-126　冷凍食品逆ピロー
　　　　　　包装（投入）

図表4-127　逆ピロー包装機全体

図表4-128　茹麺用縦ピロー包装機
　　　　　　表面

図表4-129　茹麺用縦ピロー包装機
　　　　　　裏面

（フォーマー）、縦シールによる筒状化、袋化及び横シーラー、内容物（製品）の充填、上部シールとカッティングを連続して自動的に行う。

2)　ガス置換包装・脱酸素封入包装

　ガス置換包装：包装容器内を脱気して窒素や二酸化炭素などの不活性ガスを吹き込み密閉する方法である。空気中の酸素が窒素などの不活性ガスと置き換わるために①油脂の酸化防止、②ビタミンCなどの有効成分の劣化防止、③香気成分の酸化変質による異臭の防止、④色素の酸化による変色・退色の防止、⑤好気性微生物による腐敗・発酵の防止、⑥食害虫防御等の防止に有効である。窒素は無色・無味・無臭・無毒である。二酸化炭素は水や油に溶けるので味に影響する可能性がある。

　ガス置換包装法は後述する真空包装と同様にノズル式とチャンバー式

図表4-130　ガスフラッシュ
ピロー型包装機

図表4-131　脱酸素剤投入
ピロー包装機

がある。最初に真空ポンプを使用しチャンバーを脱気した後、不活性ガスを吹き込んで密閉シールする。ほかに**図表4-130**のガスフラッシュ法があり、この方法はピロー包装機にガス吹き込み装置を設置したもので、センターシールした筒状のフィルム内部に内容物を送り込むと同時にガスを吹き込み、筒状フィルム内部の空気を吹き出した後にシールして密封する。ガス充填包装には削り節、コーヒー、お茶、スナック菓子などの食品がある。

　脱酸素剤封入包装：内容物を入れた容器内に別包の脱酸素剤を密封する方法である（**図表4-131**）。脱酸素剤には鉄と硫化物の混合物がよく使用されるが、これが化学反応によって酸素を吸収する。半生菓子など脂質が多く含まれる食品によく使用される。脱酸素剤とガス置換剤を併用することもある。

　乾燥剤封入包装：低水分の食品は吸湿すると徐々に固結、硬化、変色、潮解などを起こし、そのため風味低下により食品の価値を落としてしまう。包装フィルムは水蒸気透過性が低いものもあるが、それでも吸湿を完全に防ぐことはできないので包装容器内に乾燥剤を封入して食品の吸湿を防ぐ。食品用の乾燥剤としてはシリカゲル、消石灰、シリカアルミナ、塩化カルシウム等が使用される。

3）シュリンク包装

　シュリンク包装はピロー包装の応用である。シュリンク包装には包装

図表4-132　シュリンクピロー成型機

図表4-133　静電シール機＋
　　　　　　 シュリンクトンネル

図表4-134　走行式シュリンク
　　　　　　 弁当包装

図表4-135　シュリンク体型
　　　　　　 包装入口

図表4-136　シュリンク一体型
　　　　　　 包装出口

図表4-137　トレー自動シュリンク
包装機

図表4-138　トレー自動シュリンク
包装機装置

図表4-139　半自動トレーシュリンク
包装

図表4-140　手動シュリンク包装器

フィルムにシュリンクPP、収縮LLDPE等の熱収縮（熱シュリンク）の
あるものを使用し、シュリンク装置はシュリンクトンネルと一体化され
ているものが多い。シール部分とシュリンクトンネルが別々で連結され
ているものもある。

　シュリンク包装が活用されているものとしてはカップラーメン、ヨー
グルト、ピザ、カップゼリー、瓶詰、等の多くの食品や乾電池、粘着
テープなどの日用品にも利用されている。ただしシュリンクする際に空
気抜きの穴がいるために完全密封はできない。

4）竪型製袋充填包装機

　内容物を入れた袋状の製品の三方あるいは四方がシールされる包装。
粉末、液体の小袋に使用されることが多いが、写真のようにかなり大量

図表4-141　スティックパック包装機

図表4-142　スティックパックシート　　図表4-143　スティックパックシート
　　　　　　成型機　　　　　　　　　　　　　　　　成型機

の内容物が包装されることも少なくない。

5）ガゼット包装機

　ガゼット（gusset）とは横に折込のマチがある「マチ付き」を意味
し、マチ付きの袋をガゼット袋（GZ袋）と言う、ガゼット包装機とは
このガゼット袋を使用して包装する包装機である。マチがあるために
内容物を充填すると立体的になり、自立した状態で陳列ができる。マ
チのない普通の袋と比較すると内容量が大きくなるので、食パンのよう
な大きな内容物を包装することができる。

6）自動計量器付き包装機

　ロータリー自動給袋包装機の上に自動計量器が設置してある構造であ
る。自動計量器の上部にホッパーがあり、この中に包装対象の内容物が

図表4-144　食パン（ガゼット）包装　　図表4-145　食パン（ガゼット）包装

入れてあり、これが少量ずつ傘状の受け台に落下する。この傘状の台には8筋の谷が均等に配置してあり、内容物はこの谷に沿ってゆっくりと下って行き、その下にあるロードセル（荷重センサー）の付いた小型のホッパーに少しずつ入る。8つある小型ホッパーの中から目標重量になったホッパーの組み合わせを選び、その組み合わせの内容物を自動給袋包装機に落としヒートシールで密封包装する。組み合わせが設定目標重量を超えていると排出される。少ないホッパーには少しずつ内容物が谷から落ちて次の組み合わせが成立すると繰り返しで包装を自動で行う。

図表4-146　コンピュータスケール
　　　　　　パッカー

7）真空包装機

　真空包装とは食品をフィルムで作った容器や袋に内容物を充填後、真空ポンプを使用して容器内部の空気を吸引して脱気した後密封する方法である。包装容器内の酸素を減少させることで微生物の増殖が抑制できるほかに、食品中の色素や香気成分が酸化する劣化も防げる。脱気によりフィルムが食品に密着し容積が減少するためにかさばらない利点がある。

　ところが食品中に存在する酸素は完全には除くことはできないし、フィルムを透過する酸素を完全に遮断することはできない。そのため真空包装の変敗防止効果はガス置換包装や脱酸素封入包装よりも劣る。そのため嫌気性細菌が増殖し易い食品や液汁が出やすい食品の包装には適していない。真空包装用のフィルムにはPET/PE、ON/PE（酸素透過度10ml/m^2・day・MPa以下）やバリヤー性複合フィルム・アルミ箔複合フィルム（酸素透過度1ml/m^2・day・MPa以下）などがある。

　真空包装機にはノズル方式とチャンバー方式がある。ノズル方式は内容物の入った容器もしくは袋の口にノズルを入れて真空ポンプを使用して中の空気を脱気する方法である。簡易真空包装や大きな袋を真空にする時に使用される。チャンバー方式は真空にしたチャンバーの内部に内容物を入れた容器、袋を入れて真空にした状態でチャンバーの内部に設けられたインパルス式等のシール装置により密封する方式である。

　真空包装にはこの他に熱成型性の良いフィルムを加熱して成型をしてから内容物を充填後に蓋になるフィルムで覆った後に、真空状態で密封する深絞り真空包装と呼ばれる方式がある。成型用フィルムにはON/CPPやON/EVOH/PEが使用され、蓋材にはON/CPPやPET/EVOH/CPPなどが使用されている。真空包装に用いられる食品には魚煮付け、ハム、ソーセージ、乳製品、惣菜のどのチルド食品が多い。

8）角折包装機、羊羹自動充填包装機

　和菓子、洋菓子の半生菓子で多用される包装形態に角折包装がある。この包装は折りたたみ包装、あるいは上包包装とも呼ばれる。風呂敷で

図表4-147　チャンバー式真空
　　　　　　包装機

図表4-148　ロータリー自動給袋
　　　　　　包装機

図表4-149　ノズル式連動真空
　　　　　　包装機

図表4-150　チャンバー式スイング
　　　　　　真空包装器

図表4-151　粘体用スティック充填
　　　　　　包装機

図表4-152　同機構部

図表4-153　佃煮袋詰真空包装機

図表4-154　深絞り容器成型包装機
　　　　　（魚投入）

図表4-155　深絞り包装機全体

内容物を包むような形態である。フィルムで食品を包み風呂敷の結び目の部分のフィルムをヒートシールで付ける。完全密封はできないが開封が容易で、両面シール性を持つフィルムが単体で使用できる。

　羊羹自動充填包装機は作業者が外箱を供給するとその外箱に折りたたまれたガゼット袋が自動的に外箱の中に供給され、ガゼット袋の口が開かれ箱状に成型される。この箱状のガゼットの上端口より溶けた羊羹が注入口から定量充填され直ちにヒートシールで密封する。外箱のまま機械より取り出して冷却し固まったら製品となる。

図表4-156　和菓子角折包装機

図表4-157　御干菓子自動ひねり包装

図表4-158　パラフィン折り畳み包装

図表4-159　足踏み式バッグヒート
シーラー

図表4-160　羊羹自動充填包装機

図表4-161　自動計量器＋シール器

9) カップ充填包装機

　プラスチック製のカップ容器に内容物を充填後に密閉するが密封方法にはいろいろある。金山寺味噌などの軟質の蓋をしただけのもの、マーガリンなど薄い紙を載せ外蓋したもの、ジャム等充填後平たい蓋を供給し熱シールをして外側に外ブタをしたもの、水羊羹等の容器一杯満充填しエアーが残らぬようにしてその上に薄いフィルム掛けし熱シールを容器の形にカットしたもの、カップ詰めみそはカップに味噌を充填し薄い紙を載せ、その上に脱酸素剤を投入しフラットな中ブタを供給し熱シール密閉後、外ブタを載せ包装したものなどがある。

　図表4-162のカップ詰め納豆でははたれやからしの小袋が蓋をされる前に投入される。**図表4-163**の納豆はカップの代わりに蓋つきのトレー

図表4-162　納豆カップ投入シールライン

図表4-163　納豆蓋つきトレーライン

図表4-164　豆腐カップ手入れ包装

図表4-165　豆腐カップ自動供給包装機

に充填包装されている。

　豆腐包装の**図表4-164**は冷却済みの一丁に切られた豆腐を手作業でプラ容器に入れたものをシールして包装する包装機である。**図表4-171**は上の納豆と同様に容器は自動的にコンベアに挿入され、その容器の中に豆乳が自動的に充填されて充填された後にフィルムでシール密閉されて製品化される包装機である。

10) 粉体充填機

　小麦粉などの粉体製品を袋容器に定量送り込む装置である。袋を載せるロードセルが組み込まれたスタンドは昇降し、袋容器が頂点から下降する間に充填を短時間に高精度で行う。粉は搬送される間に脱気され、嵩密度増大、容積のコンパクト化、落下時の飛散防止、充填精度の不安定化等の処理を行っている。**図表4-167**は手作業で秤を見ながら充填作業を行っている。

図表4-166　小麦粉袋充填

図表4-167　紙袋充填

11) 瓶充填包装

　ガラス容器は透明性が高く化学的に安定で、密封性や再利用性に優れている利点があるが、重いこと温度変化や衝撃で破損し易いこと、紫外線を通しやすいなどの欠点がある。ガラス瓶の重いという欠点を解決した超軽量リターナル瓶が市場に流通している。この瓶は表面処理によって瓶強度を強め、かつ新技術の応用によって厚みを減らして瓶の重量を従来よりも約40%も軽くしている。

　ガラス瓶の特徴として透明性があるが、透明瓶は紫外線を透過するので内容物によっては着色瓶を使う必要あった。ところが瓶の原料に紫外線吸収剤を混入することによって、透明でありながら特定の波長の紫外線を透過しない瓶が作られ清酒用瓶として実際に利用されている。

　図表4-168、4-169は液体自動瓶充填包装機で食酢の瓶への自動充填及び自動キャップ取付け機である。この装置は連結され瓶が流れて来ると自動的に定量の液体が充填され、続いて連結された自動キャップ取付けに入りキャップが取り付けられる。図表4-172、4-173は佃煮の自動計量充填機とその瓶の上蓋を自動的に取り付けて締める装置である。

12)　金属缶充填機
　金属容器にはブリキ缶、ティンフリースチール缶、アルミ缶、アルミ

図表4-168　食酢自動瓶充填機

図表4-169　瓶キャップ締め機

図表4-170　醤油プラボトル自動
　　　　　　充填機

図表4-171　液体色素プラボトル
　　　　　　充填機

図表4-172　佃煮瓶詰機

図表4-173　佃煮瓶蓋付け機

箔容器、金属チューブなどがある。金属缶は生産性、流通性、保存性が良いために食品包装材料として重要である。缶には缶胴、蓋、底の3部分から構成されている3ピース缶と、缶と底（あるいは蓋）と一体となった缶胴と蓋（あるいは底）から構成されている2ピース缶がある。

①ブリキ缶：薄鋼板（低炭素鋼板）にスズメッキしたものである。ブリキ缶の厚みは薄いが加圧殺菌時の強度が十分なので加圧殺菌缶詰に使用される。

②ティンフリースチール缶（TFS缶）・ラミネート缶：スズを使用しない缶用鋼板から作った缶、狭義にはクロムめっき鋼板で作った缶で金属クロムと酸化クロム層を有する鋼板から作った缶、金属クロム特有の光沢がある。

図表4-174　金属缶手動充填

図表4-175　金属斗缶自動充填

③アルミ缶：軽量、イージーオープン性の利点がありビールや炭酸飲料用として多く使用される。

④缶の形状：飲料用の使用前の空缶の形状は缶底が丸く凹んでいるか、平らかに大別される。丸く凹んでいるものは陽圧缶（内圧缶）、平らのものは陰圧缶と呼ぶ。缶詰の密封性を確認する法として打検法があるが、この検査ができるのは缶底の平らな陰圧缶である。

13) 外装包装

　包装には直接内容物である食品に直接触れる包装だけではなく、その包装された食品を入れる外装包装がある。それらには商品としての食品をきれいに見せるためやブランドを明示するための外装包装や瓶などの破損の恐れのある商品を入れるカートンがある。

　商品を輸送や保管から守るための段ボールの外箱もある。これらは手で組み立てられることもあるが、大量に作る場合は自動組み立て装置もあり、段ボールに商品を詰めた後ふたを閉めるための粘着テープを自動で貼る機械もある。

　　図表4-176　外装箱に瓶挿入

　　図表4-177　外装化粧上包機

図表4-178　自動箱折り器

図表4-179　カートン作製装置

図表4-180　ガムテープ貼り器

第 V 章

開発から量産化への
流れと生産技術

多くの製造業で生産技術は、試作・開発などの初期段階から工程計画、工程設計、生産準備、量産試作に至る生産準備段階を経て、製品生産の量産開始段階に至るまでの生産段階を通して活用されている。また量産開始後、引き続き量産を継続している間、製品の品質維持及び改良やコストダウンやリードタイム短縮、VAやVEと言った目標実現のために、生産の全段階で継続して生産技術は利用されている。

　ところが実際の活用の仕方は企業によって異なる。例えば日本を代表する自動車製造業の双璧であるトヨタとホンダとでは生産技術の活用の力点がやや異なるようだ。両者ともムダの排除が大きな目標であるが、平準化を目指し「量産現場での改善」に重きをおいたトヨタでは量産現場での生産技術の活用が主流であり、他方開発型の企業であるホンダでは本田宗一郎氏の「自動車を開発したら作り方も開発しろ」の言葉に象徴されるように「開発段階」での生産技術を重要視してきた。この例のように同じ自動車製造業であっても、企業により生産技術への取り組み方が異なることからわかるように、それぞれの産業や企業によって生産技術の活用の仕方や取り組み方が違うのは当然である。

　食品製造業の中でも、大企業の多い素材型食品製造業では一般的に投入資本が大きく生産装置が巨大なので、開発・工程計画・工程設計の即ち生産準備段階における生産技術がより重要になる傾向にある。もちろん素材型食品製造業でも量産段階で生産技術が重要でないわけではなく、生産性や品質向上の為に大いに活用せねばならない。他方プロセス型食品製造業、特に日配型食品製造業では市場から頻繁に新製品の発売や改変を求められ、その対応に追われ開発段階の検討がやや疎んじられる傾向にあり、量産段階の生産技術を重要視せざるを得ないのは現実的には仕方ないことであろう。同じ食品会社でもこのように業態によって異なるので、各社の状況に応じた生産技術の活用を目指せばよいのである。

　II章で述べたように食品製造業、特にプロセス型食品製造業では特異な生産上の特性がある。例えばバッチ生産によって生産の流れが脈流状

の断続生産になり、シェルフライフ寿命が短いことで短納期の生産を迫
られ、多品種少量生産でロットが小さいために平準化を行い辛いことが
あるなどの事情により、生産技術に関しても他の製造業にはない特有の
難しさがある。またⅢ章に示したように食品製造業は化学工業に類似し
た化学工学の単位操作、即ち食品化学工学が必要になる点は機械工学を
ベースにした組立型製造業とは異なる生産技術力が求められる。その
為、素材型、プロセス型を問わず、それぞれの食品製造業は業種の生産
特性に合った独自の生産技術を追求することになる。ここでは食品製造
業を中心として開発から量産に至るまでの段階毎の生産技術を考えてみ
たい。

V-1　企画・開発・設計段階

　どのような商品を開発してそれをどのように顧客に提供するかは、まさに品質保証の基本思想であり顧客重視の根本である。商品企画部門は営業や研究開発の部署と協力し、マーケットや他社の動向を調査して長期的商品戦略を構築しなければならない。その戦略の中でその商品の経営上の位置づけを明確にした上で商品のコンセプトをまとめていく必要がある。

　商品のコンセプトがまとまれば、それを現実の製品として具体化するために、新商品企画に関して以下のような活動を行なうことになる。

①開発対象製品に関する顧客の要求品質（機能、デザイン、サイズ、重量、操作性、安全性など）をできるだけ数値化した上で、整理してまとめて求められる製品品質項目の重要度の重み付けを行なう。

②求める品質に応じる製品の品質特性を明確にして、品質機能展開*手法を基に要求品質表にまとめる。

③顧客の要求品質表を元に新製品の開発目標（品質、原価、納期、生産量など）を具体的に決定する。

④新製品開発に当たり要求品質の実現に必要な技術と自社保有の技術を照らし合わせて、開発に当たって不足する技術を抽出して必要に応じてこれらの技術の先行開発を行なっておく。

⑤開発目標実現のために開発担当部署・人の分担を明確に決定する。担当部署・人は責任を持ってこれを遂行実現しなければならない。

⑥開発全体の日程を明確にし、進捗状況を定期的に確認しなければな

＊品質機能展開：顧客や市場のニーズを製品等の設計品質を表す代用特性に変換し、さらに構成品部品の特性や工程の要素・条件へと順次系統的に展開していく方法である。顧客や市場のニーズは日常用語によって表現されるものは少なくなく、これを設計者や技術者の言葉である工学的特性に置き直すことが必要で、このプロセスを展開表・二元表を組み合わせて目に見える形にしたものが品質機能展開なのである。

らない、遅れがあればそれをフォローして開発日程を確保する。

　企画ができると顧客の要求を設計品質として作り込むために、研究・開発→試作設計→試作・評価→量産設計の手順で、開発目標が達成できるように新製品設計を行なうことになるが、次のような活動によって要求された設計品質を作り込んでいくことになる。

　①保証すべき品質特性や評価方法・目標値を明確にして品質標準として設定する。

　②現状製品の問題点（工程内での不良、市場クレームなど）を反映（改善）した設計になっているか、漏れはないか一度ではなく定期的に確認する。

　③開発中の製品は顧客にとって安全であるか誤用の心配はないか、製造物責任（PL）問題発生の心配はないかを安全部門に任せきりにならぬように開発部門自ら特に念入りに確認する。食品衛生については注意を怠らないこと。

　④設定したバラツキの範囲内で生産できるか、品質特性をどのように管理していくか、目標のコスト以下で生産できるか等、量産工程での管理の目処を付ける。

　⑤試作品の性能や寿命を試験・評価した上で、それを確実に量産設計に反映しなければならない。

　量産段階で生産が円滑に行なえるかどうかは、この開発・設計段階の進め方の稚拙に掛かっている。この段階は極めて重要なステップなので、製品構想図や図面・仕様書に対して、品質保証のために様々な角度から検討・評価を行なうデザインレビュー（設計審査）や、顧客の要求を製品品質特性へ変換するための品質展開手法、故障の未然防止を図るFMEA（故障モードとその影響解析）、FTA（故障の木解析）などの信頼手法を駆使して十分に検討しておかなければならない。

V-1-1　デザインレビュー（DR・設計審査）

　デザインレビューは「アイテムの設計段階で、性能・機能・信頼性などを価格・納期などを考慮しながら設計について審査し改善を図ること、審査には設計・製造・検査・運用などの分野の専門家が参加する」（JIS Z 8115）

　製品が複雑になり高度になると設計者だけでは、顧客の要求を満足させる品質の製品を作り上げることは難しい。そのため設計・開発部門だけでなく全社の専門分野の異なる専門家により、設計図や試作品をいろいろな角度から組織的にチェックして不具合を見つけ出し、その不具合を改善するのがデザインレビューである。これにより市場での品質問題を未然に防ぐとともに、円滑な生産を実施することができる。

　食品企業ではデザインレビューが充分に行われていない例が少なくない。生産準備段階で問題点を洗い出し対応しておけば生産段階や市場でのトラブラを減少できる。

V-1-2　FMEA（Failure Mode and Effect Analysis）

　FMEAは日本では故障モードとその影響解析と呼ばれる。FMEAはJISでは次のように定義されている。FMEAとは「設計の不完全や潜在的な欠点を見出すために構成要素の故障モードとその上位アイテムへの影響を解析する方法」（JIS Z 8115）である。

　FMEAでは製品に潜む故障の原因をすべて摘出し、それぞれの故障発生の可能性や影響の大きさを過去の経験や実績、技術的観点、実験によって追求することにより、内存する可能性のある重要かつ重大な問題の存在を論理的に解明していく方法である。大まかな手順は以下のとおりである。

　①製品をサブシステムや部分、部品まで分解して検討する。

　②各部分について発生しうる故障モードを考えられるだけ漏れなくリストアップする。

　③各部分の問題が製品に対してどのように影響を与え、製品としての

問題を引き起こすかを念入りに検討する。

④故障モードの発生確率と影響度合い及び検出度合い等を評価し、重要度の高いサブシステムや部分に対して抜けの無いよう必要な処置を行なう。

V-1-3　FTA（故障の木解析）

　FTA（故障の木解析）は次のように定義されている。「信頼性または安全上、その発生が望ましくない事象について、論理記号を用いてその発生の経過を遡って樹形図に展開し、発生経路および発生原因、発生確率を解析する技法」（JIS Z 8115）

　この手法は安全性解析の原因追求の手法として用いられたもので、それを故障に活用したものである。この手法はFMEAと逆の発想でトップの事象と呼ばれる好ましくない重要な故障を取り上げて、**図表5-1**に示したように製品の構成を検討しながら問題原因を順次小さな部分に論理ゲート（ANDやOR）を用いて樹形図を作り分析する方法である。

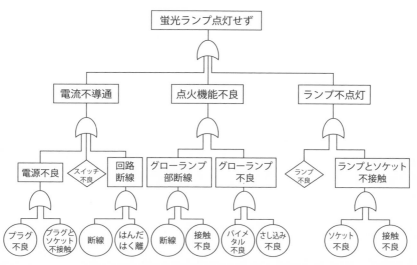

図表5-1　FTAの実施例（日本規格協会 1988）　圓川隆夫等編　生産管理の事典（朝倉書店 1999）より転載

V-2　工程計画

　工程計画（process planning）とはすでに所持している固有技術、自社内外の新技術を有効に使用して、4M（人、機械、方法、測定）をうまく組み合わせて活用し、経済的な製品の生産工程（加工法や手順など）を計画することを言う。

V-2-1　生産に必要な技術

　すでに述べたように工場における生産活動を効率的に行う時に、必要な技術は三つの技術から成り立っている。一つは設計（開発）技術で製品開発を行うことである。二つ目は材料を加工して製品を作るために工作（加工）技術を体系化してどのように生産するかを決めることである。三つ目は生産を効率的に行うために生産に必要な量産管理技術である。

　三つの技術のうち二つ目のどのように生産するか決める技術は工程計画と呼ばれ生産を行うために必要な準備である。工程計画は新製品の投入時に生産ラインの構成を計画することだが、実際には多品種生産を行うプロセス型食品製造においては新製品の投入時だけではなく、それ以外に既存製品の改廃によっても生産ラインの構成や構造は常に変える必要に迫られる。実際ライン新設時には想定をしていなかった作業や工程が求められるような新製品に対応しなければならないことは度々ある。

　なぜならマーケットからのコストダウン要求や品質向上の要求による製品改良、派生製品の投入、顧客からの求めや食品衛生法など関連法等の改正による食品添加物などの材料変更などによっても、新製品投入時に決定した工程計画からライン変更をする必要に迫られることは多々あるからだ。従って新製品投入時だけでなく、製品の改変時においても規模の小さいミニ工程計画を確実に行なう必要がある。

V-2-2　工程計画の進め方

　工程計画の基本は「品質は工程で作り込む・作り込む品質」ということであり、以下の点を考慮して設計品質に適合する品質の製品を、必要な時に必要な量だけ生産できる生産システムを計画立案してから、それを実現する為の工程計画を作る必要がある。このようなことから工程計画は狙いの品質を当初の計画通りに達成するために極めて重要である。

①加工方法：同じ形、機能や性能の製品を作る場合であっても、方法は一つだとは限らない。従って新製品に取り組む時には幾つもの方法を検討した上で、その中から想定される生産量、許容される精度、コスト等を総合的に評価した上でもっとも適した方法を選ばなければならない。

②工程の自動化：コスト削減と品質を維持するために、設備等の投資金額とのバランスを取りながら生産設備装置の自動化を推進する。自動化することによって作業者が気付かない内に大量の不良品が生産されるリスクが生じるので、この場合は製品品質も同時に自動的に検査する必要がある。もしも異常が発生した場合は自動的に生産装置を止めて、後工程に不良品を流さないよう自働化の仕組みを取り入れる方がよい。

③ライン化とレイアウト：生産性向上には工程の各設備のサイクルタイムを合わせ、工程間に発生しがちな無駄な在庫や仕掛在庫による無駄な山積み山崩し作業を排除して生産効率を向上しなければならない。多くの食品工場では新製品等の投入が盛んに行われるために頻繁な生産設備の改変を迫られるので、改変にフレキシブルな対応ができるような設備のレイアウトにしておくことで、追加の無駄な作業をしなくても済むようにしておかなければならない。

④工程の管理方法：製品品質を確保するには工程の現状（機械の運転状況、作業者の状況、仕掛品や製品品質）を常時わかるように「目で見る管理*」の仕組みを取り入れるようにしなければならない。人が行う作業には間違いは付き物なので、不良品を次工程に流さないために「ポカ

---

*目で見る管理：管理する対象物が自ら異常と判断し、異常自身がその発生を働きかけ、　異常への処置行動を的確に人間に行わせる仕組み。

ヨケ*」の仕組みを組み込んでおくとよい。品質は生産環境にも影響を
受けるので作業環境（室温、湿度、騒音、照度など）にも配慮する。ま
た食品工場においては食品の品質や食品衛生の点からも、特に生産に関
係する温度は極めて重要である。製品の特性に必要な最適温度に加え
て、作業者の健康にも配慮して作業室温を設定する必要がある。

V-2-3　工程計画の作成

　工程計画とは**図表5-2**の製品化の流れに示す生産の立上げ時におい
て、工程設置の基本構想とその実行計画を作成することである。製品化
をスムーズに行なう為には、工程計画を立てる時に①引合い時に大まか
な計画を立てる。②生産に円滑に取り掛かるに開発設計と平行して工程
計画を開始する。③量産設計ができたら工程計画および工程設計につい
ても概略は完成させなければならない。早期から検討を開始して必要な
生産技術を用意しておけば生産開始後の工程管理がより容易になる。

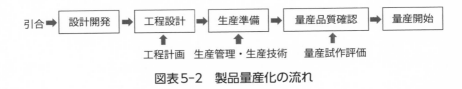

図表5-2　製品量産化の流れ

---

*ポカヨケ：製造ラインでの作業ミスを防止する仕組・装置。「ポカ」は囲碁や将棋で通常
　考えられない悪い手を打つ事、そのポカを除けるのがポカヨケ。

V-3　工程設計

　製造工程装置を設計し構築することを「工程設計（process design）」と呼び、最初の製品設計図の完成から製造開始に至るまでに、①機械設備設計、②作業設計、③工程間物流設計、④工程レイアウト設計を行って、具体的な加工組立の作業の流れを作る。以前は①のみを工程設計としたが、最近は工程の自動化が進み、工程間物流や工程レイアウトまで合わせて設計する方が効率的なので①〜④の活動を含むことになった。

　食品製造では同じタクトで律速的に生産される組立型製造業とは異なり、バッチによる断続生産が求められ、しかも生産工程毎に処理速度が異なる上に専用ラインではなく、同一ラインで多品種を生産しなければならない、頻繁な新製品の投入や製品の改廃、といった制約があるのでフレキシビリティを求められるために現実的に①〜④の工程設計を厳密に行うのは難しい。

①機械設備設計：製品設計を行なう時に決定された製品の設計品質や性能等の仕様に従って、製品製造品質、生産量、製造コストについて熟慮し、機械設備や金型や冶工具などの設計を開始する。製品設計と機械設備の設計は社内であってもそれぞれ担当の部門や部署が異なり、また社外の企業との関連がある事もあるので当然部門間調整の必要が生じるために、生産準備段階の中では設計以外の仕事がもっとも多く含まれる。その為今後は部門間調整の改善を行なうことによりこの段階の時間短縮を図ることが期待できる。

②作業設計：各工程に対して原材料、部品、包材、冶具などの搬入や搬出や残滓の処分および仕掛品置場など作業に関わる要因を考えた上で、人や機械設備の作業設計を行なわなければならない。作業設計では、付加価値を生み出す主作業の加工や組立を中心にして、付随作業である材料の投入や取り出し、検査、工具や機械の整備や調整などに加えて、主

作業のための付帯作業である段取り作業の位置などの配置を決めなければならない。今までは主作業を中心に作業を構成すればよかったが、今後自動化やロボットの導入が進めば進むほど、段取り、運搬、仕掛、品質検査などの作業を同時に構築しなければならなくなり、工程設計部門における生産準備の範囲が広がりますます重要になっている。

③工程間の物流設計：効率的な生産には原材料、ワーク、仕掛品や完成品の物流が極めて重要である。特に多品種少量生産で生産効率を上げるには、工程間における物の在庫・物流にはベルトコンベアよりも、自由度の高い無人搬送車、自動倉庫などを組み合わせた搬送システムの導入が多くの製造業に広まっている。ところが食品製造業では特に加工（プロセス）型の食品製造業では残念ながら未だに手押し台車が工程間物流の中核になっていることは否めないので、より効率的な工程間物流を検討する必要がある。実際新設を除いて食品工場の床には段差があったり、フラットでなかったり、傾斜があるなど無人搬送車の導入を拒む要因が多くある。また食品工場の中には床が水に濡れ、粉塵の舞う工場が多いことも搬送車の導入を妨げている。今後工場の建設、ラインの新設などに当たっては工程設計の初期にこれらの課題に対応すべきある。

④工程レイアウト設計：工程レイアウト設計は外的制約がない時は部門間の搬送量と距離との積を輸送に掛かるコストの評価関数として、部門配置をする方法、部門間の近接性の小さい部門をまとめて配置するSLP法*により行なわれる。今後自動化が進むとエアー、蒸気、電源、ネットワーク、残滓、出入口など物理的・構造的条件、並びに生産工程に連なる自動倉庫、天板や焼型などの冶具等のバッファ、搬送装置の関連設備等も考えて工程の配置を行なわなければならない。

---

* S.L.P.（systematic layout planning）：設備装置の計画において特にレイアウト計画に用いられる手法である。レイアウト計画の基本要素としてI．相互関係・・アクティビティ（レイアウト計画において配置を決定する対象）相互の近接性の度合い、Ⅱ．面積・・レイアウトされる物の遵守した計画を推進しなければならない。

V-3-1　工程設計の立て方

　工程設計は生産性・品質・コスト・納期・安全性・モラール＊
（PQCDSM）を決定付ける重要な作業である。工程設計は工程計画書を
作成する事から始まるが、急ぐ場合は工程計画書のでき上がりを待つこ
とをできない時もある。その場合は工程計画作成と並行してコンカレン
トエンジニアリング＊の活用で工程設計に取り掛かる。

　工程設計の段階で留意すべき点は、できるだけ設計の共通化・標準化
をする点である。ラインの設備や隣接のラインの設備が異なればそれぞ
れの機械の整備や調整が異なり、保守や整備が煩雑になって余分な手間
が掛かってしまうからである。最近では食品ラインの多くで金属検知器
やＸ線透過装置が設置してあるが、案外と違う機種が設置してあること
が多い。その場合検査器の機種により、同じ品質基準であっても測定誤
差が生じやすく品質管理基準の維持が煩雑になりがちである。

　ラインの機械設備の簡略化や単純化を念頭に入れて設計をすれば稼働
時のメンテナンスが行ない易くなり、機械操作に関する従業員教育が容
易になり、メンテナンスや教育コストを削減できるので結果として総製
造原価を抑制できる。ライン設備に保守の点から共通化を図ると予備部
品の在庫削減が可能になり、保守保全のコストを低減することができ
る。シンプルでわかり易い機械装置にポカヨケや目で見る管理を併設す
れば、間違いが少なくなるだけでなく安全性向上にもつながる。

　加工型食品工場のラインは、多くの場合少量多品種生産を行なわざる
を得ないので、ラインの改変や設備の追加など行ない易いように配慮し
柔軟性に富んだラインの工程設計を行わねばならない。

V-3-2　工程設計とムダの排除

　工程におけるムダの排除は、実際に工程が敷設される以前の工程設計

＊モラール：士気のこと、労働意欲・戦闘意欲等の集団の活動性の度合い、団結精神の強さ。
＊コンカレントエンジニアリング：製品設計と製造・販売などの統合化、同時進行を行な
　うための方法。

段階によく検討しておく方が効率よく当然費用もかからない。敷設後の改修では設置した設備を移動させねばならないことになり、当然費用や時間が余分にかかってしまうし、生産の妨げにもなるので製品納期にも影響し、工程確立後ではムダが発見されても改修に着手できないことが多い。この時は改修により得られるメリットと生産を止めた場合の弊害とのトレードオフ関係を比較検討してから改修に着手しなければならない。

　無駄の有無を確かめるには、いわゆる7つのムダ（①作りすぎのムダ、②手待ちのムダ、③運搬のムダ、④加工そのもののムダ、⑤在庫のムダ、⑥動作のムダ、⑦不良を作るムダ）に着目してムダがないか検討するとよい。ムダが見つかればなぜムダが発生するのか、原因を見つけるために問題解決手法を使って現状を分析して対策を立てる。

　問題解決を行なう場合にも、以下に示す定石のような合理的な進め方がある。①まず何が起きているか、あるいは起きそうか問題を明確にする。②なぜ起きているか原因を明らかにする。③何をすべきか解決策を具体的に着想する。このようにして問題解決を行なうが、この時対策は誰が何をどのようにするか決め、かつ費用対効果も検討しなければならない。

V-4　設備管理

　設備管理は、設備に関する導入計画から機種選択、搬入据付、試運
転、稼働時の管理、メンテナンス活動、運転終了時の設備の廃棄に至る
一連のすべての管理を含んでいる。

V-4-1　設備導入のステップ

　設備導入時には先を見通し、将来の市場変化や自社の状況を想定し
て、生産規模と製品数にあった設備の選択をしなければならない。現状
だけを判断材料にして、ゆとりのない設備を導入すると生産規模を拡大
したらすぐに能力一杯になり、逆に余りに能力の高い設備を導入すると
稼働率が低くなり採算が取れなくなる。また柔軟性がない設備を導入す
ると、製品展開を図っても生産できない可能性がある。現在の状況と将
来の予想を元に判断し設備能力は熟慮して決定しなければならない。

　また余りに高性能な装置を導入しても従業員が使いこなせない事もあ
るし、性能の維持管理や設備保全が難しかったりコストが掛かり過ぎた
りすることもある。自社の実力に合わせ、絶対に背伸びをし過ぎて設備
の選択をしてはならない。

　設備の導入コストとその回収については十分に検討しておく、どんな
に優れた設備であっても採算が取れなければ誤った設備導入になる。ま
た導入直後の設備の検収に当たっては細心の注意を払って仕様や性能の
確認を行なわねばならない。これを曖昧にすると後でトラブルが生じて

図表5-3　設備導入のステップ

しまう可能性がある。量産開始前に工程設計や導入検討時に決めた事柄が計画した通りになっているか、能力は計画通りかを確認してから生産に入らなければならない。

V-4-2　設備の効率化

設備管理は　設備計画→設計（選択）→製作（購入）→設置→試運転（検収）→稼動→廃棄までの設備のライフサイクルを通して導入した設備の効率化を図るための管理活動である。

設備効率とは

設備効率＝設備稼働による総付加価値額／設備ライフサイクル総費用である。

設備効率向上のためには設備投資額（総費用）、電力などの稼動費、修理保全費を削減し、無駄な設備購入などの設備ロスをしないように付加価値を増やさねばならない。そのためには工場の生産条件（品種、生産量、生産方法、品質レベル、コスト、納期）などに適合した設備を導入するか、現在保有する設備に生産条件を適応して現有設備の能力を最大限まで引き出すことが理想である。

V-4-2-1　設備の各ライフ段階における効率化

設備の稼働率の尺度として

設備総合効率＝時間稼働率×性能稼働率×良品率

が用いられる事が多いがこれはTPM活動*の評価尺度でもある。TPM活動は現有の設備をいかに有効活動させるかに重点がおかれる。設備の総合効率を向上するには、設備の企画・計画段階並びに生産準備段階における設備管理が重要である。生産準備段階では①故障の起きない設備、②故障しても容易に修理可能な設備、③保全に費用のかからない設備の設計および製作を行なうことが肝要になる。

＊TPM活動：設備管理の近代化と設備管理技術の開発を促進する事によって企業の体質強化・革新を図り、産業界の発展に寄与することを目的とした活動。

　即ち性能が良くて信頼性があり、保全が容易で作業性がよく準備に手間がかからず、安全で環境にも良いなどの設備品質を持つ設備の実現を目指すことで、設備が本格稼動する量産段階に設備稼動を阻害する以下の設備の6大ロスと呼ばれる要因の発生を予防する事ができる。

a.　故障ロス（故障停止）
b.　段取りロス（段取り・調整）　　　　停止ロス（時間稼働率）
c.　刃具交換ロス（刃具寿命）
d.　チョコ停*ロス（空転・チョコ停）　速度ロス（性能稼働率）
e.　速度ロス（速度低下）
f.　不良ロス（工程不良）　　　　　　　不良ロス（良品率）

図表5-4　設備の6大ロス

　これら設備の6大ロスを除くことと並んで、生産が安定するまでの立ち上がりロスを減少させる事も重要である。立ち上がりロスには6大ロスの要素が含まれているので類似の対策が必要になる。

Ⅴ-4-2-2　自主保全の徹底

　自主保全とは、設備の故障のうち故障の原因究明に専門的な知識を必要とせず、かつ修理に専門的な知識や技術を必要としない故障の中で、設備の運転担当者が自ら保全作業を行なう事を指しているが、昨今の少子高齢化や経済状況の中で人手不足の現状もあり、また若手の製造業離れが進んでいる事などが担当者による自主保全活動の活性化を阻んでいる。TPM活動の基本は小集団による自主保全活動なので、小集団活動の活性化は極めて重要である。従って現代のような状況においては、小集団活動を活性化して自主保全の成果を上げて行かなければ良好な設備保全が実現されないのである。

＊チョコ停：工程や設備が短時間停止し、復旧に時間を余り要さない作業停止の事を言う。

V-4-2-3 設備マニュアル作成

　工程設計終了後に工程稼働の準備を整える時には、設備を使う作業者に対し設備操作の教育訓練を行なわねばならない。事前に検討して作成したQC工程表をベースにして、具体的に作業手順を記載した「作業標準書」や「作業手順書」等を活用して、作業の基本から習熟に至るまでの訓練を行なう必要がある。訓練を行ないつつ生産性や工程能力を確認する時には、ラインバランスが崩れはないかも合わせて確認を行なう。その際実際の作業内容を見ながら設備の運転マニュアルも作成しなければならない。この時、設備使用の内容を作業標準書に取り込めば、新たに別途運転マニュアルを作成しなくても済む。

　量産を開始したら工程や設備の維持管理が主になるので設備保全が重要になる。設備保全は修理である故障保全と故障しないようにする予防保全に大別される。特に故障しないようにする予防保全については、保全をすべき設備の箇所ごとにいつ・誰が・どのように行なうかを、マニュアルもしくは標準作業書に予防保全の内容を明記しなければならない。

　特に忙しい時には保全のための給油などの作業が後回しにされがちであるが、これが故障を招く原因になっている例が多い。そのため定期的な保全のスケジュールは重要であり、絵にかいた餅にならないように実行しなければならない。保全時の作業内容や保守部品交換などわかり難いところは、わかり易く写真や図を使用して誰でも実施できるように平易に記載しなければならない。

　工場には多くの設備があり、その都度作成するとそれぞれ思い思いのマニュアルができがちでわかり辛くなるので、社内で標準フォーマットを定めて用語を統一し、ISOマネジメントシステムと連携すると無駄な書類が増えなくて済む。

V-4-3　VE（Value Engineering）

　VEは価値工学と和訳される。製品やサービスの価値に対するコスト

寄与の評価と改善技法であるVA（Value Analysis）＊と同義であるが、資材調達品の価値改善、製品開発段階、製品設計段階までにVAを適用することをVEと命名した。生産現場から始まったVAによる原価低減活動はVEによって製品の設計段階まで遡った。設備費低減のために製品設計と工程設計を同時に行なう時、経済的評価を加味して立案し実施する。製品設計では設備を安くする為にVEを行ない、また部品・材料の共有化も検討する。工程設計おいては自動化や工程の連結化、既存設備活用なども検討して行なう。

　顧客が望まない機能を向上してもオーバースペックとなり、顧客はその価値を認めて対価を払ってくれない。機能を維持してコストを下げる作業は工程設計の担当部署が担い、工程変更を伴う計画を立てる時も設計段階で行なうVEは量産試作などの検討が行なえるので、トレードオフ関係を生じる技術的障害の回避ができる利点がある。VAやVEを行なうには当然生産技術力が要求されるので、これに取り組む事は生産技術部門の生産技術力向上にもなる。このように生産技術の技術者はVAやVEを常に意識して取り組まなければならない。

V-4-4　工程設計と5（7,8）S

　職場の管理の前提となる整理、整頓、清掃、清潔、しつけのローマ字表記の頭文字をとった5Sについては先刻ご存知の通りだと思うが、整理とは：必要な物と不必要な物を区分し、不必要な物を片付けること、整頓とは：必要な物を必要な時にすぐ使用できるように決められた場所に準備しておくこと、清掃とは：必要な物についた異物を除去すること、清潔とは：整理・整頓・清掃が繰り返され汚れのない状態を維持している事、しつけとは：決めたことを必ず守る事を言う（Z8141-5603）。

　5Sの状態が保持されるように標準化・手順化に対応して、目で見る

＊ VA（Value Analysis）：価値分析と訳され、必要な機能を最低のコストで得るためにその機能と原価のバランスを研究し、設計や材料の変更、製造方法や仕入先の変更などを組織的に永続して行なう活動である。

管理や定置管理などの幾つかの管理活動が実施される。さらに5Sは
TPM（total product Ⅳe maintenance：全社的総合的設備管理）活動の
7つのステップ、①初期清掃（清掃、点検）、②発生源・困難箇所対策、
③自主保全仮基準の作成、④総点検、⑤自主点検、⑥標準化、⑦自主管
理の徹底、の中にも組み込まれている。

　米虫らは食品工場の清潔の維持に必要な条件として、5Sに洗浄と殺
菌を追加し、清潔を微生物レベルまで追及した食品衛生7S（整理・整
頓・清掃・洗浄・殺菌・しつけ・清潔）を提案している。著者は食品工
場の長年のコンサルティングの経験から、多くの食品工場に設備保全を
行なう工務課のような組織がないことに象徴されるように、食品工場は
設備の保守が悪く、設備不調、一部故障、一部破損の状態のままで設備
が使用されている状態から脱却するために、前者に加えて同じくローマ
字のSで始まる整備を追加し、食品工場8S（整理・整頓・清掃・洗浄・
殺菌・しつけ・清潔・整備）として提案してきた。

　実際整備不良の機械類はビスやナットやゴム・プラスチック片等の食
品への混入を起こすなど、食品安全の点からも問題であると同時に故障
を引き起こし、設備稼働率を低下させ食品工場の生産性低下の一因に
なっている。

V-4-4-1　5（7、8）S等の実施実態

　食品工場を訪問するとかつて5Sに取り組んでいたと思われる工場に
時折遭遇することがある。しかし残念なことに現在はその活動が低調で
ある工場が多い。多くの食品工場は5S実施の評価手法について、5S活
動に対する誤解があるのではないかと考えている。作業が終わり清掃の
済んだ後（工場が稼働していない時）に工場が見かけ上片付いた状態を
見て、「だいぶ5Sの成果が出たな」と満足するケースが多いのではない
だろうか。しかし5Sが効果的に行なわれているという事は、単に終業
時に工場がきれいに片付いて見えるのではないのである。

　例えば沢山の本のある図書館を考えてみよう。本を同じ高さに揃え同

じ色合いの本を集めて陳列すれば、その図書館の本の陳列は見かけ上法則性があり、ある意味統一美を感じるであろう。しかしその図書館で目的の本を探すことは容易だろうか。図書館の機能は美しく本を陳列することではなく、目的の本を容易に探すことができるように陳列保存する事であるはずである。

　5Sの目的も同じで、工場を見た目できれいに見せることにあるわけではなく、工場が稼働している時に使い易い配置になっているか、即ち必要なものが必要な場所にあり、効率的に作業できるレイアウトか、そして食品工場においては衛生的であるかどうかが重要なのである。著者はこれを動的5Sと呼んでいる。見た目の美しさを評価基準にすると比較的短期間にある程度の水準に到達し、それなりの満足が得られ達成感とともに活動は下火になってしまった例が多いように感じる。

　5（7、8）Sの目的は工場稼動時の生産効率の向上であり、清潔レベルの確保のはずである。稼働している時の工場やラインの作業のし易さと清潔の状態を評価基準にすれば、なかなか達成感が得られるレベルに達することは難しい。変化しながら稼働する中で5（7、8）Sの成果を判断すれば、5（7、8）S等の活動は継続の判断を行なわざるを得ず、改善による効率向上は永遠に続くはずである。5（7、8）Sは動的5（7、8）Sでなければならない。

V-4-4-2　5（7,8）Sと工程設計

　5（7、8）Sが工場・ライン効率の追求と清潔性の追求であるとするならば、工程設計の段階でレイアウトを熟慮しておけばより成果が上がるはずである。特に食品工場には他の製造業の工場では必要でない洗浄及び殺菌操作があるので、作業に必要な洗浄施設（給排水）や殺菌設備をどの位置に設置するかも作業効率に極めて重要になる。これらの給排水や殺菌装置の位置や使い勝手は、作業効率に大いに影響するからである。

　いわゆる5S活動は既設の工場で取り組む場合が多いが、工程設計段

階で5Sの発想を入れて考えるとより効果が得られる。特に食品工場は製品の入れ替えが激しく、工程変更は比較的頻繁に行なわれる事が多いので、工程変更の機会を活用して5Sの発想で工程設計を行なうことにより作業条件の改善をするとよい。

V-5　量産試作と評価段階

V-5-1　購入材料調達

　食品である製品の品質に決定的な影響を与えるのが購入材料の品質であるから、適正品質の材料を調達する事は品質確保に極めて重要である。その為には要求される品質の維持能力、価格、納入の永続性などの条件を満足させる納入先を選定しなければならない。食品材料のほとんどは生物の生体を材料にするので日照、降雨、気温などの環境条件の影響を受け易く、一定品質の材料の確保は難しいので材料の品質チェックを常に行なった上で、万が一に備えて代替仕入れルートを準備しておく必要がある。ただし原産地の確認が必要である。

　この他、包装材料の品質もトラブルの原因として案外と多い。包材は紙やプラスチックが多く、温度や湿度によるこれらの微妙な特性の変化が包装時にトラブルを起こしがちである。包材の選別時あるいは生産時に包材の特性変化に留意する必要がある。材料として加工食品を使用する場合はその品質はもちろんの事であるが、保管状態や輸送状態についても調査を行い適切な購買が行なえるようにしなければならない。重要な材料や食品添加物、包材などについても同様に納入元の生産状態や品質管理状態、輸送・保管状態をウオッチしておく必要がある。

V-5-2　量産試作と評価

　量産試作は量試と短縮して呼ばれることが多い。量試のことを工業化と称している企業もある。量試とその評価は量産を円滑に行なう為の最終確認段階である。量試によりそれまでに隠れていた問題を、本生産以前に顕在化して適切な対策をとる為のものである。その目的で以下に挙げる活動を組み合わせて行なう事で量産を円滑に開始することができ

る。

V-5-2-1　標準化（標準の整備）

　安定した品質の製品を効率良く、かつ安全に作るには標準作業を確立しなければならない。その為には適正な製品仕様・開発仕様（配合等）や図面、作業標準の設定、QC工程表などの整備を行なわねばならない。作業標準にはその目的、手順や勘所、品質チェックのポイントだけでなく、異常発生時の処置、安全に対する配慮なども、図や写真を取り入れて平易にわかり易く記載しなければならない。作業標準は一度決めたから改変しないということはなく、常に生産効率や品質の向上を追及して必要に応じて柔軟に改良しなければならない。

V-5-2-2　工程能力評価

　量産開始前に生産を予定しているライン・設備が、継続的に狙いの品質を維持しながら円滑な生産が継続できるか否かを、確かめるために工程能力*の評価をしなければならない。自動車等の組立のようなディスクリートの律速のフローショップの生産と違い、バッチ処理によって生産されるプロセス型食品工場の工程では、ジョブショップ的な生産やフローショップであるが工程段階毎に処理速度が異なる多品種の製品を単一ラインで生産しなければならない為に、安定した生産ができずに断続的生産になりがちで工程間で仕掛在庫が生じ易い特徴がある。これらの特徴が食品工場の低生産性の原因になる事が多い。

　従って工程毎の処理能力について事前に評価して置く必要がある。また食品生産では同じラインで多種類の製品の生産をする事が多いので、それぞれの食品の生産に対して各工程が機能するかどうか確かめておかねばならない。これを怠ると同一ラインでの効率的な多品種生産が後で

＊工程能力：製造品質に関する工程の能力あるいは工程の均一性のこと、ばらつきの小ささで工程能力は測定できる。±3σの範囲から外れる確率は約0.3%であり、±6σから外れる確率は0.002ppmである。外れ3ppmに略相当するのは±4.5σである。

困難になることが多い。

Ⅴ-5-2-3　作業者の教育訓練

　食品工場では作業者が作業の正しい仕方を教育されないままに、作業を行なっている姿を時折見かける。正しい標準作業が確立されていることが前提であるが、これがなされていても周知されていなければ意味がない。標準作業が正しくできるように教育訓練することは管理監督者の責務である。新入社員はもちろんのことであるが、昨今の労働事情からパート社員、外国人労働者、アルバイトなど労働力の流動化が著しく、これらの労働者に対して標準作業を基に作業の仕方、品質確保の作業要点、安全な作業の仕方などを丁寧に指導しなければならない。平準化が難しい食品工場では概して平常期と繁忙期の差が大きい事が多く、他部署の社員や季節的なアルバイトを使わざるを得ない実情もある。そのような時に作業者の教育訓練が行なわれていないと、効率低下するだけではなく、製品不良や労働災害などが発生する危険がある。

Ⅴ-5-2-4　ポカヨケ

　人に間違いは付き物である。いくら注意をして作業をしてもミスは発生し、作業忘れや勘違いによって不良品を作ったり見過ごしたりしてしまう。作業者のうっかりミスによる不具合を、簡単な仕掛けや冶具の工夫により防ぐことを「ポカヨケ」という。これはフールプルーフ（FP）とも呼ばれる。例えば幾つかの部品を穴に取り付けるとき、部品により穴のサイズや形を違えておけば間違って違う部品が取り付けられる事はない。作業者が間違いを起こし易いところに、ポカヨケを組み込む事により間違いや未加工や欠品などの不具合を防ぐことができる。

Ⅴ-5-2-5　量試品のチェック

　量試品を丹念に確認することにより問題点を発見できる事がある。量試品の段階で耐久性など信頼性の確認をしておけば、量産に入ってから

このようなトラブルの発生を回避する事ができる。

　これまで述べてきた生産準備段階での生産技術の役割を整理すると**図表5-5**のようになる。

生産技術の開発	開発された製品をどの様に効率的に生産するかの技術を開発する
工程設計	製品をどの様な手順で製造するか設計する
生産準備	製品を製造する為のラインの構築、レイアウト・設備設計、設備導入、作業手順書作成を行う
工程整備	工程能力＊や設計基準が期待度通りになっているか
検証作業	安全性、機能性、品質が設計通りの狙いの品質が実現できているか、工程能力も期待通りであるか

図表5-5　生産準備段階の生産技術部門の役割

V-6　生産段階（生産・検査）

　生産段階では生産準備段階で確立された方法に従って、要求品質に適合した製品を安定して生産していかなければならない。製造における品質の作り込みとは製品の品質のバラツキを小さくして、不良品を作らないようにする事である。しかし生産段階において守るべき事は要求品質の維持だけではない。企業活動として生産を行うには、必ず経済的な合理性が必須である。なぜなら経済的に成り立たなければ企業は存続できないからである。

V-6-1　品質確認

　製品の品質検査は生産工程の品質に関する状態が安定かどうかを確認する為に重要な作業である。品質検査項目、検査間隔、抜取り検査を行なう場合の抜取り数、検査方法・計測方法、検査判定の基準等を決めて作業基準に事前に記載しておかなければならない。

　品質検査項目は製品の品質特性の特性値や製品性状などの結果系と、作業条件などの工程における要因の両面から選択して決定する。検査間隔は一般的には作業開始時と終了時、刃具や冶工具及び部品の交換時や作業者の交替時など、生産工程の4Mの条件に変化が生じた時に重点的にチェックをすると効果的に行なえる。異常による変化と揺らぎによる変化が起こりうる製品の重要な品質特性を管理する場合には管理図＊を用いて工程の状態を管理するとよい。

＊管理図：連続した観測値あるいは群の統計量の値を、通常時間順またはサンプル番号順に打点した上限管理限界線及びあるいは下限管理図限界線を持つ図、観測値の傾向を補助するために中心線が示される。拙著：よくわかる異常管理の本、日刊工業新聞社（2011）参照のこと。

V-6-2 異常処置

　製品の品質は常に一定であるとは限らず、製品品質は不変では無いという事を認識しておく必要がある。製品の性状がいつもと違う、いつもは出ないような不良が出た、不良品が急に増えたというようないつもの状態とは異なるいわゆる『異常』が起きた時、そのまま生産を続けると不良品の山ができたり、後工程ひいては顧客や消費者に迷惑をかけたりする事になる。異常発生による損害を極力抑えるためには以下の備えをしておくことが必要である。

　①異常の基準と対応ルール

　　異常の基準を明確に定め、発生時のルールを決める。異常とは何か、現物見本や写真やイラストで不良状態を明確にし、また発生数・管理図の点の動きの傾向などで異常の定義をはっきりしておく。

　②異常が発生した場合は迅速かつ的確な処置をおこなう。

　　対応を組織的に定めておき、上司への報告、応急措置（ライン停止出荷停止、良品不良品の選別など）、異常発生の原因の追究と再発防止の暫定措置を直ちに行い、二度と異常を発生させないための恒久防止対策の検討を始めなければならない。

　③異常発見能力強化

　　迅速に異常を発見するには作業者に異常感知能力を付ける必要がある。異常発見能力向上の為には異常発見訓練を継続的に行なう事が重要である。

V-6-3 設備・冶工具・検査機器管理

　設備・工程の装備化が進行すると、設備・冶工具の良否が製品の品質や設備の稼働率に大きく影響する。その為に設備の部品等の劣化に留意して適切な交換や設備保守を行い、設備や冶工具を健全な状態に維持しなければならない。すべての設備装置の保守を工務・エンジニア部門が担うと非効率で経費増大になってしまう。そのため生産現場ではTPM活動として、作業者自身が設備の保守・点検を行なう自主保全活動を展

開しているが、食品工場ではこのような体制がとれている所はまだまだ少ない。この自主保全活動の実施は食品工場の今後の課題である。

そのような自主保全活動の中では日常点検・定期点検を定期的に実施し、設備や冶工具の故障や劣化を早期に見つけ、部品交換したり修理したり日常的に清掃や給油などをして、設備を正常な状態に保つなどの活動を行なって生産設備の可動率向上に努めなければならない。

また品質を評価する為のウエイトチェッカー等の計測器や、異物混入等を防止するＸ線検知器や金属検知器等の検知器も時間経過により測定値が変動するので、生産設備と同様に感度や精度の維持管理が重要である。計測器や検知器も生産設備同様に定期点検を行い校正・修理を確実に行う必要がある。

Ⅴ-6-4　検査

設計の意図どおり狙いの品質に従って生産されているか否かをチェックするのが検査である。検査の目的には次のようなものがある。

(1) 不良品の流出防止

検査により不具合や不良品を発見した上で排除して後工程に不良の仕掛を送らないようにすることにより、工場外に不良を流出させず顧客に不良品が渡らないようにする。

(2) 生産状態の改善

前工程での品質の作り込みが確実に行なわれているかどうか検査して、もしも問題が発見されたらその事を前工程にフィードバックする。その情報により作業改善を行い不良の発生を抑制する。このような工程管理の改善は製品品質の保証につながる。

実際には検査を行なう事で完全に不良品を排除することは難しく、経済的にはムダが多いこともあり、一般には (1) の目的で検査することは少ないが、食品工場では (1) の目的で検査を行なう事が残念ながら多い。

検査には母集団（生産数）に対する検査個数によって、全数検査と抜取り検査などの形態がある。要求される品質の程度とコストによって全数検査と抜取り検査を使い分けている。

①全数検査：

　全数を一つずつ検査して良品と不良品に選別する。検査数が多い時は自動検査装置を用いる事が多い。食品検査の場合、食品の品質の本質（例えば味や香り、硬さや軟らかさ等の性状など）の検査は破壊検査（検体の全部あるいは一部を検査に用いると、製品が破壊され商品として販売できなくなる）になる事が多く、全数の破壊検査はできないので全数検査は不可能になる場合が多い。

②抜取り検査：

　統計理論に基づき、生産ロットや出荷ロット等のロットから幾つかのサンプルを抜取り、ロットの合否判定を行う。

③監査（無）検査

　工程を監査することで検査を省く方法を言う。正しく管理されている工程からは不良は発生しないはずであるという考えに基いている。究極的な品質管理の方法であるとも言える。

V-6-5　改善活動

　生産の現場においては七つのムダ（作りすぎのムダ、手待ちのムダ、運搬のムダ、加工そのもののムダ、在庫のムダ、動作のムダ、不良を作るムダ）等のムダ、不良の低減（品質向上）、生産量の増大、納期の短縮、生産性向上、生産コスト低減など、改善・解決すべき課題が山積している。

　これらの多くの問題を解決するには、重要度・緊急度を評価した上で、優先度の高い問題から順次改善を行なわねばならない。改善には終わりはなく飽くなき追求の姿勢が必要である。改善は組織を中心に他部署を巻き込む組織的な改善やQCサークルなどの小集団活動で行なう事もある。何れの方法であっても生産技術的発想やその手法は重要であ

る。

V-6-6　工数低減のアプローチ　工数低減の基本

　生産性向上やムダやロスの削減はムダやロスの観点から改善を行なうので工程を管理する部門が主体になるが、工数低減は工程計画で設定した標準工数を見直す事になるので生産技術部門の技量の見せ所になる。従って生産技術部門の生産技術の稚拙により生産効率は大きく変る。

　工程設計段階で行なった作業方法の設定に対して、生産開始後に気付きによる修正の側面もある。技術の進歩は急速に起きるので工程設計の段階で諦めたやり方や仕組みを、その後新しい方法に取り変える事もある。また生産段階に入り生産を続ける内に、経験と熟練により標準作業時間短縮ができるようになり工程時間の短縮が起きることもある。

　工数低減の検討を行なう場合の基本は、①作業の本質である主体作業とそれに付随する付帯作業をはじめに峻別する。この時、工程設計段階で設定した工数から外れていないかをもう一度確認しなければならない。②次に作業状況の分析を行なう。ビデオなどで作業の様子を撮影し、再生しながら作業の状態を確認する方法もある。作業の様子をスローで再生して詳細に見る、あるいは他の作業者と比較しながら観察するなどして作業のムダを見つけ出す。③工程毎の処理速度のばらつきや仕掛在庫が滞留する場合が多いボトルネック工程をよく観察する。④作業を分解することによって作業のムダの排除や工程のラインバランシングを行なう。非付加価値作業である付帯作業を削減する事も重要で、主体作業の中に組み込む事ができないかを検討する。⑤作業の処理速度はボトルネック工程の能力で決まるので、ボトルネック工程の能力アップの対策を費用対効果で検討する。このような手順で工数削減を行なうが、この時作業の安全と品質の保持についても忘れてはならない。

　生産段階での工程の維持管理に対する生産技術部門の役割を**図表5-6**に示す。

工程整備	生産ラインは期待された能力・精度が確保されているか
設備検証	設備の精度や安全性、機能性が当初の設計通りに維持されているか。
工程検証	工程が当初設計通り安定した製造ができているか検証する。
設備保全	設備劣化や故障を予防し品質や精度を維持する予防保全を行う。
現場改善・設備改良	現状の課題を摘出し、生産性向上に向けた改善技術を開発する。

図表5-6　生産段階（量産開始以降）の生産技術部門の役割

Ⅴ-7　生産技術の人作り・組織作り

Ⅴ-7-1　生産活動の主体である人の集団としての組織

　生産技術部門を含むいかなる部門・部署であろうと優れた職務上の組織を作るという事は、個人を制約して組織の使命と目的を達成するために、相互に関連した活動を遂行する人と技術とを合理的にシステム化することである。付加価値の増大プロセスである生産活動において、主体として中心になってこれを遂行するのはもちろん人である。製品の企画から製造、販売に至る一連の生産活動は人によって遂行されるが、これらの生産活動はそれぞれ分業化した上で統合的な一連の組織活動として実施されているのである。

　基本的に組織は協働の意志を持つ構成員の協働体系であり、コミュニケーション体系であるとともに、組織への貢献が求められる意思決定の体系でもある。人は意思決定し行動すると同時に学習もする。人の行動は能力及び方針を決める意思決定と心理的エネルギーによって規定される。職務上の組織としての合理性とは、組織が利用可能な経営資源を効果的・効率的に利用して、付加価値増大を図るために創出する理性であり、組織的活動として他の諸活動との関連性と組織の人と人との関連性のあり方を追求するものである。「企業は人なり」と言われるように、組織の目的を効果的にかつ効率的に達成するには必要な最適な量と質の人材を得るとともに、それを維持するための人材管理が行なわれなければならない。

　生産活動において組織人は心理的エネルギーを高めることによって創造的活動を促進し協働の成果を上げる。環境の変化に対し積極的に適応して潜在能力を開発し自己変革しなければならない。これはいかなる組織の構成員であろうと必要であるし、当然生産技術部門の構成員であっ

ても同様であろう。いかなる組織の構成員であろうともモラール・創造性と知識や技術といった能力・協調性・環境変化に対する対応能力・自己啓発力は必要であり、組織はそれを育てるべくサポートを行なわねばならない。

V-7-2　生産技術部門の人と組織

1)　生産技術部門はなぜ必要であるか

　生産技術部であれ、生産技術課であれ、あるいは別の名称であろうとも生産技術の領域を取り扱う部署がすでにあるか、あるいは今から生産技術部署を作ろうとする場合には、それは何の目的で存在するのかあるいはなぜ必要かの理解が必須である。この理解失くして生産技術の組織やその構成員の教育に関して論じても意味がないと思う。

　現状、食品企業には生産技術を取り扱う部署がない企業が多い。なぜだろうか?もちろん経営規模や経営的状況が生産技術部門の設置を阻害する原因であるかもしれないが、ある程度の規模でも生産技術部門がない食品企業は他の製造業に比べて結構多い。この点から見ると企業の経営状況が生産技術部署の有無の理由とは言えないだろう。経営状況が原因でないのであれば、企業あるいは経営者が生産技術の必要性やその意義を理解していない事が、食品製造業において生産技術部門が存在しない原因ではないだろうか。

　なぜならばある程度の規模以上の食品企業の工場であれば、例えば工務(工場設備の修理や保全を行う部、課、室で一般的には工務、設備、施設、保全などの名称がついている)が存在している食品企業は多い。なぜだろうか?食品工場にある装置や機械などの設備は、当然必ず故障するあるいは不調になるからである。即ち機械の故障への対応という必然に迫られるから工務部は存在するのである。したがって機械の無い工場では工務部はいらない。実際装備率の低い工場で機械の少ない工場ほど工務部がない工場は多い。その理由は機械がなければ故障しないから工務部は必要ないからである。

　食品製造業以外の製造業の多くの企業は生産技術部門を持つ企業が多い。それは生産技術部門を持つ企業の経営者にとっては、生産技術部門を存在させる価値があり必然があるからと考えているからに違いない。したがって企業の経営者が生産技術部門の価値がわからない限り、企業に生産技術部門は存在しないことになる。食品企業においても経営者が生産技術部門の存在の価値がわからない限り、生産技術部門は存在し得ないのである。したがって今後食品企業に生産技術部門を設置するには、まず経営者の生産技術の価値の理解が必要になるのは当然であろう。故に食品製造企業の経営者の皆様には、日本の製造業をリードする企業の多くが、生産技術部門をなぜ設置しているのかよく考えて頂きたい。

　それでは多くの製造業が設置している生産技術部門の存在価値は何であろうか。生産技術は職務的には研究開発部門における製品開発及び生産準備段階において工程計画、工程設計を行うことによりねらいの品質の確立に努め、製造段階とその支援工程においては期限内に許容製造原価と最小品質コストの制約のもとでねらいの品質を実現する事である。

　仕事の目的は生産技術に関わらず職務を通してQCDの目標を実現することにある。QCDの目標を達成するには生産技術部門にとっては、いかに4Mをうまく使いこなして、少ない生産コストで大きな付加価値を生み出せるかにある。即ち生産技術部門の目標はいかに生産性を向上し利益を上げるかにあるとも言える。

2）食品工場の生産技術に求められる知識と能力

　そのために生産技術部門の組織及び構成員に必要な条件は、前節に挙げた人としてまた社会人として必要なモラール、協調性、健全性等は当然なこととして、スループットの増大とコストの削減による生産性向上に対する意欲が一番に必要になる。生産性を向上しようとする意欲に欠けた生産技術の組織や人は機能しないと言っても過言ではない。したがって生産技術にまず必要なのは生産性向上に対する意欲・熱意あるいは執着である。

すでに述べたように生産技術部門は生産の準備段階と量産開始後の何れにも関与し、企画、研究開発、品質管理、製造、工務（保全）など生産部門に関する部門や時には社外の組織とも関わる。例えば開発部門で材料コストを落とせば生産し難くなり製造部門で生産コストが上昇する可能性があり、生産コストを意識する余り製造の工数を減少するように配慮すると材料コストが上昇することはよくある。開発が容易で製造も容易な理想的な設計開発がまったくないとは言えないが、一般的に開発の仕事量と材料コストと製造の工数（仕事量）とはトレードオフの関係にある。開発段階と生産段階の何れにも生産技術部門は関わるので難しい立場にあると言える。そういう関係において生産技術部門およびその構成員には対人的な調整能力が求められる。

　社会人として当然必要な要件と生産性向上の意欲と調整能力があれば一人前の生産技術者に成れるかと言えばそうではない。もちろんの技術的能力が必要になる。生産準備段階の工程計画や工程設計あるいは量産段階での生産ラインの改善であっても、対象は生産設備であるので当然機械・電気・制御などの知識が必要になる。しかしながら食品工場の生産技術・工務・設備に属する方のすべてがこのようなバックグラウンドを持っているとは限らない。食品企業ではどちらかと言えばそのような技術的な背景を持っている方の方が少ないようである。しかし「好きこそ物の上手なれ」の格言のとおり、機械が好き・生産性向上に興味があるという方は、たとえそのようなバックグラウンドがなくても多くの方が少しずつでも力を蓄えスペシャリストになっているようである。

　そして本書のⅢ章に書いたように、組立型製造業にはほとんど必要にならない食品化学工学の知識が食品製造には必要になる。純粋な機械工学と異なりやや掴みづらい所があるので、本書をきっかけにしてこの分野にもぜひ取り組んでい頂きたい。食品製造業特にプロセス型食品製造業の生産性向上に、生産技術として取り組む場合にはバッチ生産で生産の流れが脈流になり断続生産になる事、多品種少量生産で品種の切り替えが多発して不稼働時間が多発すること、流動体あるいはレオロジカル

な物性の材料や製品を取り扱う事で不安定要素があること、食品衛生の条件が厳しいことなど、自動車製造業や電機製造業などの組立型製造業とは異なる特性をよく理解して生産性向上に取り組んで頂きたい。

3）生産技術部門が無い企業はどうしたらよいか。

　今まで述べてきたように生産技術担当者が持つべきスキルに以下のようなものがある。したがって生産技術の専門部門がない企業の場合は、生産技術に関わる各担当者が意識して、以下のスキルを身に付けるように心掛けて頂きたい。そのことで会社全体として生産技術部門がない穴を埋めるようにしていただきたい。

（1）生産性・品質向上に対する熱意：意欲がなければ何事も成し遂げられない。

（2）問題点を多面的に捉えて考察し判断する能力：一つの問題に対して様々な視点から解決方法を考えて、コスト面、運用面、品質面からどれが最適なのか判断する。

（3）問題点顕在化能力：「何が問題なのか？」発見する武器を持つ、自分の仕事を「付加価値」、「非付加価値」、「ムダ」に振り分けてみる。

（4）リスクアセスメント能力：例えばロボットを導入しようとした場合、これから行なおうとする作業についていかにリスクを炙り出せるかの能力。（生産技術を持たない企業の落とし穴になり易い。）

（5）問題点解決能力：問題発生時、対策を考えるか原因の発見か、立ち場の違いで異なる事がある。対処療法で済ますか根本原因の追究し再発防止するか判断と調整。

（6）組織調整能力：新しい事に対して関係者の理解を得ることは難しい、それを円滑に行うには「データで会話する」である。QC七つ道具、IE手法を活用する。

（7）全社最適の視点：各部門が自部門の視点で主張すると部門間対立になりがちである。会社または工場全体のコンセプトを明確化し、各部門はそれを遵守する様にする。

（8）ヒヤリング能力：担当者の会話には「事実」「希望」「憶測」「推察」

などが混在している。このような点を勘案して、全社最適の観点で優先課題を見極めることが必要。

(9) <u>コミュニケーション能力</u>：各部門、顧客の声に真摯に耳を傾け、その内容を理解する力、質問力、内容をまとめる力、表現力、書く力を総合してコミュニケーション能力と言う。

(10) <u>コスト意識</u>：売り上げに占める利益は僅か数パーセント過ぎない。コストダウンがいかに重要であるか認識する。

(11) <u>電気・機械工学の知識</u>：食品工場には多くの機械や装置がある。これらを維持管理や改造し、内作の治具を作るためにはある程度の電気や機械や制御の知識が必要である。なによりも機械が好きなことが大事である。

(12) <u>食品製造の理解</u>：食品製造には組立型製造業とは異なる製造上の特徴があり、食品化学工学や単位操作の知識も必要である。

第 **VI** 章

生産技術的改善事例

これまで述べたように生産技術の役割の範疇に含まれるものとしては、①生産の準備段階で製品を生産するために必要な生産工程及び生産設備や工具や冶具などを開発設計作製すること及び生産システムを構築するために生産の前段階に行う工程計画や工程設計などを行う生産技術と、②量産生産開始後の生産活動を円滑に維持し改善して効率的・経済的なモノづくりを推進するために生産に関する仕組み作りや技術等の量産段階における生産ライン改善などのための生産技術がある。

　筆者はコンサルタントとして数多くの食品工場の生産性向上指導を行なってきたが、残念ながら職務上①生産システム構築段階の工場建設やライン新設に関われることは稀であり、②当然量産開始後の工場のラインに関与することが圧倒的に多い。そのために本書では量産開始後の改善や新製品投入のための設備作成の事例が大多数になるが、決して準備段階である工程計画や工程設計が疎かにされてよいというわけではない。そのため生産システム構築段階から量産開始までにおける生産性向上のための生産技術手法は、現場の皆様によって工場新設、工場改築、ライン新設、ライン改造、新製品投入時などの機会を捉えて工程計画・工程設計に大いに取り組んで頂きたい。

　以下に取り上げた事例はそれほど大掛かりなものではないけれども、作業者だけでは難しいと思われる事例を選んで取り上げた。即ち機械・電気の知識とその工作技術及び食品の特性を理解した操作が必要となる事から、作業者が自ら日常的に行なう改善とは区別した。個人完結型の作業を行なっていた工場に自社開発の機械を導入して流れ作業を行なうようにアドバイスしても、機械や電気の知識がない作業者にとっては自社開発の機械導入は無理である。事例中には組み立て型と異なる熱や流体の流れなど化学工学の知識が必要なものも含まれる。即ち食品工場の生産性向上のための機械化に必要な生産技術には機械・電気の知識と技術の他に、食品の物性などの食品化学工学の知識が必要なのである。掲げた事例は必ずしも読者諸氏の業種の工場あるいは関連の工場とは限らないかもしれないが、食品工場の生産性向上に役立つのである。

Ⅵ-1　しらすの自動計量包装

　この工場では**図表6-1**のような大型の自動計量器包装機を使用して家庭用しらす小袋の包装を行なっていた。ところが**図表6-2**に見られるように袋の内容量が多すぎて過量になるものや、逆に少量しか入らず減量になるものが1/5～6の割合でできてしまっていた。不良率が高い為にリワークが多発してしまい、作業に余分な時間がかかり大幅に生産性を低下させていた。

　この自動計量器は写真のしらすの山の上に、その上部にあるしらすが入ったホッパーから少しずつしらすを落として山を形づくると、落ちて来たしらすは少しずつ穏やかな雪崩のように谷（溝状）をつたってふもとに流れ落ちていく。この山には谷が8つあり、しらすはこの谷を徐々に流れていくとその下にある計量用の8つのホッパーに分かれて少しずつ入る。この自動計量器は8つのホッパーに入ったしらすの重量のうち、合計の目標重量に近い組み合わせを選択してホッパーを開きしらすを袋に落としてからシールしていく。この時それぞれのホッパーに内容量の約1/2量ずつ入っていると、2つのポケットを合わせてほぼ設定内容量のものを組み合わせることができるが、すべてのポケットの量が1/2量に対して過量であれば設定内容量をはるかに越えてしまい図表6-2のようになってしまう。少なすぎると所定重量に足らず**図表6-3**のようにシューターから排出されポリバケツに落ちて、再び上部のホッパーに戻されいわゆる直行率の低下を引き起こす。

　その為この自動計量器を正確に効率良く使うには、8つの谷の流量ができるだけ同じ位になるように設定する必要がある。そのためには**図表6-5**に見られるようにしらすが落ちる山頂をしらすの山の中央になるようにすることが必要である。**図表6-4**では山頂が写真の右手前に寄っていることがわかる。そのために右手前の谷に集中的にしらすが流れて重

図表6-1　自動計量包装機の全容

図表6-2　過量のしらす

図表6-3　減量で回収しらす

図表6-4　不均一なしらすの流れ

量の組み合わせに不釣合いが生じ、袋中のしらすの過量減量による不良が多発していたのである。

　これに対して**図表6-5**ではしらすの山頂がほぼ中央にあることが確認できる。このように各谷の流量を均等にすると谷を流れるしらすの流量はほぼ同量になり計量は安定する。このような調整をした流れが**図表6-6**である。この状態になると組み合わせによる過量、減量はほとんどでなくなった。

　もう一つこの装置で案外不安定なのは袋とじの構造である、そのためこの部分の調整も頻繁に行なうようにした（**図表6-7**）。今回の不調の元々の原因は装置上部にあるしらすが入ったホッパーから落下するしらすが、山の中央にコンスタントに落ちず、山の形がシンメトリーになら

図表6-5　しらすの山

図表6-6　ほぼ均等になったしらす
　　　　　の流れ

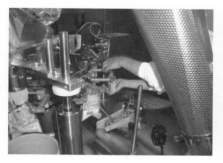

図表6-7　包装部の調整

図表6-8　計量器の上の反射鏡

なかったことにあるので、**図表6-8**のように装置上部にステンレス板で
鏡を作り、作業者が装置の上部に上がらずとも下からしらすの山形を容
易に頻繁に確かめることができるようにして、常にしらすの落下位置を
確認できるようにした。計量物の山は作業している床面から一段と高い
ところにあるので、案外と見落とされている工場もあるのではないだろ
うか。同様な計量機をお持ちの工場はぜひ再確認を行なっていただきた
い。生産性向上につながる可能性がある。

Ⅵ-2　水産工場の不良率低減

　カニ爪コロッケを製造しているこの工場では、カニ爪折れによる不良品の増加に悩まされていた。中芯と呼ぶカニ爪を入れて凍結したコロッケを**図表6-9**に見られるようにバッター槽に浸し、それにパン粉をまぶしそれをトレーに並べるのが一連の作業である。カニ爪中芯を生産する際に発生した折れたカニ爪は除かれているので、カニ爪中芯をこの作業で投入する時点ではカニ爪の折れた中芯はほとんど無い。

　カニの爪折れの原因は投入された中芯が投入のネットコンベアからバッター槽に落ちる際に通る傾斜したネットコンベアに刺さって折れることに原因があることがわかった。写真を良く見るとネットコンベアの針金があちらこちらで曲がっているのがわかる。実は尖ったカニの爪がネットコンベアの針金の隙間に刺さると、これが梃子のように針金を曲げる際にカニの爪が折れるのである。**図表6-10**はバッター槽から上がりパン粉付けの装置に入る時に作業者は中芯どうしがくっ付いてバッターの付きの悪いものが出ないように補正している場面である。

　カニ爪折れ不良の原因はカニ爪がネットコンベアに刺さる事であるが、カニ爪折れ不良率は原料であるカニ爪の違いや中間材料である中芯の状態などで必ずしも一定ではないが当初5%程度であった。カニ爪は単価が高いのでカニ爪の折れ率は生産コストに大きく影響する。この状態を回避するためにはカニ爪がネットコンベアに刺さらないようにすることが必要であった。そのためにネットコンベアの傾斜部分を**図表6-11**のようにステンレススライダー板に変えた、これならネットのように隙間がないので爪が挟まらず爪も折れずに済んだが、バッターの付が良くないので次のような変更を行なった。

　投入のネットコンベアを通常のベルトコンベアに変更してこの部分での爪の挟み込みをなくした。投入コンベアの位置を少し上昇してステン

図表6-9　バッター槽

図表6-10　点検

図表6-11　ステンレススライダー板

図表6-12　トレー詰め

レスのスライダー板によってカニ爪の滑りの速度を上げた後に下部に設置したネットコンベアでバッターに確実に沈めバッターの付を改善した。その後パン粉をつけた後トレー詰めを行なって再度凍結という工程で作業を行なった。この改善によりカニ爪の折れによる不良率は当初の1/3程度まで減少した。

　このような溶接などの工作を伴う設備の改変は女性パートを作業者の主力とする日本の食品工場では作業者だけでは不可能である。いわゆる工務などのエンジニアリング部門の活躍によって食品工場の生産性向上が可能になった例である。このような生産技術力としての設備改善の積上げが生産性向上につながる。

Ⅵ-3　数の子の整列作業へのコンベア導入

　この水産加工工場では年末の恒例行事として数の子のパック詰め作業を行っていた。数の子の商戦は年末の短期間であり、したがってその作業も短期間（1ヶ月程度）の臨時的な作業になるために、作業方法が余り検討されずに作業者任せの作業になり、結果的に個人完結型の作業になってしまっていた。

　作業の内容としてはコンテナに入った数の子を形や大きさを見ながら選んで所定重量ほど計量し、給水シートをトレーに敷きその上に見栄えが良いように数の子を並べ、そのトレーを別のコンテナに並べていく。この作業を各作業者が思い思いの場所で思い思いの方法で行なっていたのが、**図表6-13、6-14**に示した旧来の方法である。

　これを**図表6-15、6-16**に示すようなライン生産方式にした。これはそれぞれの個人の裁量で行なわれていた一連の個人完結型作業をベルトコンベア使用の分業により、作業者をそれぞれ分担の作業に専念させることにより生産性を向上させるのである。通常のIEとは異なりコンベアの設置にはコンベアなどの装置そのものの準備に加え電源の供給などの工学的な知識と技術が必要であり、女性パートを主力とする食品工場

図表6-13　個人完結型パック詰め作業

図表6-14　個人完結型パック詰め作業

図表6-15　ラインによるパック詰め作業

図表6-16　ラインパック作業側面

の作業者だけでは困難である。いわゆる工務部のようなエンジニアリング部門がなければ難しい。

　この工場では1日当りの生産量は以前には約1000パックであったが、コンベアの敷設による分業作業により約3000/日に増加した。即ち生産性は約3倍に増加した。食品工場では作業者の判断によって取りあえず生産を開始することが多いが、作業者だけでは実行できないエンジニアリング能力すなわち生産技術部門による生産性の向上が必要であることを物語っている。

Ⅵ-4　カニの身だし刃調整

　カニの身は固い殻の中にあるので一般的に取り出しにくく食べづらい。この工場はカニの身を取り出す加工を行なっている。水揚げされたカニは茹でられ甲羅をはずされ縦に2分割された半身が身出し機に投入される。上述の下処理されたカニは機械の真ん中を貫くレーンに投入されると**図表6-17**のように両側の作業者はカニを片身ずつ取り機械の両側に設置された突起付きのベルトに脚を挟むように取り付ける。すると図表6-17の左から右にカニは運ばれ作業者の間にあるカッター部に達

図表6-17　カニ脱却作業

図表6-18　カッター部

図表6-19　円盤カッター

図表6-20　カニ棒肉

する。この部分を拡大したものが**図表6-18**である。この図の中に見える円形の容器の中に**図表6-19**のカッターが収められている。

　このカッターで上下のベルトで挟みながらカニの胴の部分と脚の部分を切り離す。切り離された胴体部分と脚は圧搾して身が取り出される。

　爪は別途処理されカニコロッケなどに使用される。カニの身と一言に言っても部位によって価格が異なる。胴の身は繊維が短いのでほぐし身として販売されているが、脚の身は繊維が長く形状が良いので他の部位の身と比べて高く売れる。従ってカニの身の採肉に当たってはいかに脚肉を効率的に採肉するかがポイントになる。いかに圧搾して身をきれいに取り出すかも重要であるが、ここに挙げたようにいかに長い脚棒肉を取るかも重要である。

　その脚棒肉の長さを決定付けるのが図表6-19のカッターの位置である。カッターが胴体に近づけば胴体の殻部分を切り込むことになり、それを避けるために胴から離せば脚棒肉は短くなってしまう。そこで今まで余り着目していなかったカッターの位置を正確に調整することにした。**図表6-20**が採取した棒肉であるがこれは重量で取引される。カッターの位置を今までより約3mm胴に近い位置に取り付けることで棒肉の収量が増えて、その結果棒肉の増加分の売上が年間に60万円にもなった。わずか数ミリの調整に過ぎない地道なことであるがこれも生産技術的な効率の向上と言えるであろう。生産性向上は作業の速さだけでなく、収率向上も忘れてはならない例である。

Ⅵ-5 和菓子工場の個人完結作業から コンベアによる分業への移行

　この御干菓子工場では旧来方法によって座作業で**図表6-21**のように個人完結型の御干菓子の箱詰め作業が行なわれていた。ところが当時この工場では少なくとも同業の中では自社は優れた生産性であると考えていた。最初に座作業から立ち作業に変更するために、作業台にキャスターを取り付けて立ち作業ができるように作業台の高さを改造変更した。旧来の作業に馴染んでいた作業者は強制駆動方式のベルトコンベア流れ作業に一挙に変えると抵抗を示すと考えて、立ち作業でベルトコンベアを使わずに作業台の上で流れ作業に馴れてもらうために手送りの流れ作業を行なう方法で分業による流れ作業を行なっていった。

　次にベルトコンベアを設置して流れ作業を行なった。この時点ではベルトにタクトのマークは付けずにある程度曖昧なタクトで箱詰め作業を行なった。作業に馴れるとコンベアベルトにタクトのマークを付け、ベルトの移動によって一定のタクトで生産ができるようにした。このように一定の速度による安定した生産ができるようになると、無駄な動作が減少し生産性はかなり向上した。この工場でのポイントは機械的な変更をそのまま作業者に押し付けるのではなく、作業者が新しい装置に馴れるように段階的に配慮したことである。

　その後新工場に移行することになり**図表6-22**のような長いコンベアを導入して分業の作業ステーションを増やして作業者一人当たりの作業点数を減少して、タクトタイムを短くすることによって生産性を向上して行った。この工場では新工場建設と言う千載一遇のチャンスに恵まれたので工程計画・工程設計を行うチャンスに恵まれたことを付記したい。

　以前は箱詰め作業だけを分業化して生産性を向上して行ったが、ライ

図表6-21　一人完結型座作業

図表6-22　ベルトコンベアによる流れ作業

ンの後端では山積み作業が生じた。その山積みの箱詰め御干菓子を包装
機まで移動して、いわゆる山積み山崩しの作業を行なわざるを得なかっ
たが、現在では箱詰め作業と包装作業をコンベアの延長によって、一気
通貫で行なえるように箱詰め作業と包装作業の速度を同期化することに
よって生産性をますます向上してきた。その結果過去に比べて2倍近く
向上している。このように設備改善という生産技術によって生産性は向
上した。

Ⅵ-6　コンベア高さ差減少による ロスの減少と作業効率向上

　本例の冷凍食品工場においては急速冷凍機から出てきた冷凍コロッケは幾つかの段差によって繋がるコンベアによりトレー詰めコンベアに運ばれるが、コンベア間の段差のために成型工程で付けられパン粉が脱落してしまっていた（**図表6-23**）。そこで傾斜コンベア用の桟の高さを300mmから20mmに変更する（**図表6-24**）。コンベア間の段差に治具を設置して製品への落下衝撃を軽減した上で、傾斜がついていたコンベア、金属検出器を平坦に調整することで段差を縮小した。

　コンベア間の段差に治具を設置して製品への落下衝撃を軽減するなどの改善を行なうことで、コロッケからのパン粉の脱落を防止することによって月間200kg程度のパン粉の消費を減少させることができた。そのために年間50万円以上のパン粉のロスを防止することになった。このように生産ラインの改良は単に生産性向上だけではなく原材料の削減にも寄与し、結果的には付加価値が増大し生産性向上につながるのである。

　作業者は幾つかのコンベアを経た**図表6-25**の上部のコンベアから、

図表6-23　コンベア落差大

図表6-24　コンベア落差改善後

間仕切り付きのエプロン型コンベアの仕切り内に包装形態に合わせて所定数のコロッケを投入して整列させる。そのコロッケは下流の包装機に入り自動的に3方シールされた後、段ボウル箱に梱包され冷凍庫に運ばれ冷凍保存後に出荷される。

　図表6-25に示される時点では急速冷凍機からの上部コンベアと下部の整列用のエプロンコンベアの高低差が25cm近くあったために上部コンベアから下のエプロンコンベアへのコロッケ投入作業の移動ストロークが大きく、作業者は作業をしにくくそのため作業効率が悪くかつ疲れ易く作業は非効率であった。

　そこで**図表6-26**のように上下部のコンベアの高低差を10cm程度に減少させた。工程計画段階での希望としてはもう少し高低差を減少させたかったが、既存の設備では構造的な制限があり10cmの高低差まで縮めるのが限界であった。それでも今までの高低差に比べると作業の高低差による上肢のストロークが短くなったので、作業はずっと効率的になり短時間でできるようになった。

　実際高低を15cm短くすると手の動きは往復では30cm短縮されることになる。1パック分のコロッケを整列すためには両手で2往復の動作

図表6-25　上部下部コンベア高低差大

図表6-26　高低差減少後の整列作業

が必要になる。従って2回コロッケを掴み整列させると60cmほど両腕を動かしたことになり、左右の腕を合計すると120cmほど動かしたことになる。3名で整列作業を行なう場合に、仮に一人が3000パック整列作業を行なったとすると、以前は120cm×3000パック＝360000cm　即ち3600mほど多く腕を動かしていたことになる。これが作業者の余分な疲労に繋がることは容易に理解できる。IE的分析である。

　このように機械構造的な改善によって作業者の労働を軽減することができる。この改善はIEを根拠にした生産技術的な作業の改善の典型である。本例は作業者だけではどうする事もできない機械的な改善である。作業者の生産性を向上させるための最大の原則は作業者の労働負荷をいかに軽減するか、いかに楽に作業ができるようにするかにかかっていると思う。したがって作業し易い環境を整えるのは極めて大切である。皆さんの工場でも作業者に過剰の負荷をかけているところは無いか、今一度見直して設備の改善をしていただきたい。

Ⅵ-7　鯖寿司のコンベア乗り移り

　昆布巻き鯖寿司は棒状にふっくらと固めた酢飯に酢締めして成型した鯖のフィーレを乗せ、酢締めした昆布をまいた製品であるが、取り合わせからわかるように極めて脆く取り扱いに注意を要する製品である。その鯖寿司の製造工場において**図表6-27**のように鯖寿司の成型から包装機にコンベアによって移すのであるが、この時製品が二つのコンベア間をスムーズに移動することができず、**図表6-28**のようにコンベア間の製品の渡しのために作業員を一人余分につけていた。

　二つのコンベアベルトの移送速度が同じであることが条件であるが、二つのコンベアベルトの摩擦係数が異なると、スリップしたり鯖寿司を圧縮するように押し込んだりし、あるいは後のコンベアが強いと引き伸ばされるようになり鯖寿司が壊れる恐れがある。それを避けるために乗移りを補助するために作業者を置いていたのである。これは当然非効率な余剰な作業者であり生産性を低下させる原因になっていた。

　このような非効率を作業から回避するためには二つのコンベアベルトの特性をよく吟味して設置する必要がある。**図表6-29、6-30**のように適正な性質（適度の摩擦）のベルトコンベアに変えてからは移動のための補助作業者は必要がなくなり1割以上の作業性の向上となった。このような改善は極めてある意味低レベルの改善であるが、いわゆる作業者だけではどうすることもできずに無駄な作業に作業者を1名配置していたことになる。単純なことであるがこれも一種の生産技術的な改善であろう。食品工場には機械屋から見れば単純な改善がなされていない場面に多く遭遇する。改めて工場の作業を無駄はないか見直して診ることをお勧めする。毎日見る工場の作業は風景化し易い、なんとなく同じ作業を続けてきた経緯があるのではないだろうか。問題の発見・認識すなわち気付きこそがもっとも重要である。

図表6-27　寿司の包装作業　　　　図表6-28　コンベアの段差

図表6-29　乗り移り補助

図表6-30　自動乗り移り

Ⅵ-8　冷凍食品工場の成型トレーの洗浄と整列積上げ

　流動性の高いソースより作られた冷凍食品は**図表6-31**のようなトレーに生地を流し込み、急速冷凍機で凍結した後にトレー底部を若干解凍して、製品である冷凍食品はトレーを剥がされて分離して次の工程に送られる。本工場の装置ではローラーの圧力によりトレーは曲げられて上部のコンベアに乗り、外されたトレーは製品の流れに直角に運ばれる。他方剥がされた製品はそのまま真直ぐにコンベアに乗って進み、次工程でパン粉がまぶされ再凍結される。

　トレーは上部の白色のコンベアに乗移る際に簡単な金具の装置によって方向転換が行なわれるのであるが、この動きは不安定でコンベア上のトレーの向きは不揃いになった。剥がされたトレーは粘性の食品素材が充填されていたので、再利用するためには洗浄の必要があり洗浄機に入れるために、もう一度直角に回転させられて**図表6-32**の洗浄機に投入されるのだが、トレーが整列して入らないとトレーどうしが重なり合い、きれいに洗浄できないことと、トレーの向きが一定しないためにトレーをきちっと重ねるための作業者が必要になる。

　そこで装置のレイアウトを変更しかつ**図表6-33**に見られるような装置を作り洗浄機にまっすぐに入るようにトレーを回転する工夫を行なった。しかしなかなか回転の動作は現実には安定しなかった。この動きを安定させるためにかなりの時間をかけて回転装置を改良していった。トライアンドエラーで改良を繰り返し、今までは2回の回転動作の修正とトレーの積上げと、充填工程へのトレーの運搬の為に2名の作業者を必要としたが、改良を続けたことで回転動作が安定したために現在では作業者1名ですべての作業を行なえるようになった。結果として作業者を削減できた分が生産性向上となった。

図表6-31　成型トレー

図表6-32　不安定なトレーの動き

図表6-33　正常なトレーの方向

Ⅵ-9　通路の明確化と生産ラインのレイアウト

　今でも食品工場で明確に描かれた通路を見るのは残念ながら珍しい。食品工場に限らず工場で物を大量に生産すると物が移動しその結果流れができる。その物の流れをいかに円滑に行なうかによって生産効率に大きな差が出る。「流れ」と聞くと材料、仕掛品、製品、包材というような、いわゆる血液の動脈に相当する動脈の流れを大抵の人は想像するが、材料を取り出した後の袋や箱や仕掛品を入れていた番重などの容器、焼成に使用した使用済みの天板や汚れた敷紙、製品残渣や包材等の廃棄物等など製品化の動脈とは異なる、いわゆる静脈に相当する物の流れも必要となり、これは思ったよりもかなり多い。このように流れる（移動する）のは製品だけとは限らないので、これらの流れを円滑にすることが生産性に大きく影響する。

　しかもこれらの移動即ち運搬（マテハン）の多くが食品工場では人力で行なわれていることが多い。そのマテハンの主役は食品工場では手押し台車である場合が多く、そのため工場内に手押し台車が溢れており、極端な例では作業者の数より手押し台車の数が多い例もある。このように物の移動に人が関与していることは人の移動が頻繁である事である。即ち移動中には作業者は作業ができないので生産性向上には移動時間を削減しなければならない。そのためには作業者（人）の通りやすい通路の確保が極めて大事であることは容易に理解できるはずだ。

　図表6-34、6-35は幾つものラインの投入部分でラインの生産の流れに直角な通路である。この工場はフィリングの生産工場であるが、この通路を使って多くの材料が計量部署から各ラインに頻繁に運搬されている。当初工場長に通路を示すラインを描く提案をしたところ、「この工場では適切な通路の巾を取っているので（図表6-34）特に必要ないです」との回答であったが、それでも何度かの説得を重ねて工場管理職全

図表6-34　従前　　　　　　　　　図表6-35　ラインの設置

　員の協力で描かれたラインが**図表6-35**である。図表6-34では図表6-35
では明確に通路内で作業者が作業を行なっており、他の作業者が材料等
を別のラインに運ぶと邪魔になってしまう。同じ通路巾であるが図表
6-35では手押し台車やその他の生産補助具などが通路ラインの外に置
かれている。同じ工場の同じ位置の写真であるがいずれの状況が運搬し
やすいか明白であろう。

　このように通路が確立できたら将来的に無人搬送車（AGV）の導入
も可能になるのでAGV導入も検討すべきだと思う。AGVとは
Automatic Guided Vehicleの略称で、よく使われているのは床面に磁気
テープや磁気棒を敷設し、それらの磁気により誘導されて無人走行する
タイプの搬送用台車である。AGVは1980年代初め頃から電機や機械の
生産現場を中心に原材料や部品、完成品等の搬送に幅広く活用されるよ
うになり、最近では製品の保管・出荷を担う物流センターや病院といっ
たいろいろな非製造業の分野へも広く導入されている。

　以前は磁気により誘導されるものが主流であったが、現在では人工知
能（AI）で工場内のロケーションを記憶し、障害物を避けてその判断
で移動するものや作業者に追従して移動するものなど多くの種類があ
る。多くの製造業では1980年代から導入されてきたが、現時点で食品
工場での導入例は少ない。食品工場の生産性向上を目指す場合、AGV
の導入は作業者を非付加価値仕事である運搬の作業から開放して、付加

図表6-36　自動搬送車

図表6-37　ＡＧＶ

価値作業に専念させることで生産性の向上につなげることができる。そのためには通り易い通路の確保が大きな前提条件になる事はご理解いただけると思う。

　この工場は洋菓子工場である。**図表6-38**の写真では作業者が3名ラックに製品、シート生地の抜き差しをしている場面である。この作業位置は**図表6-39**の奥の方に作業者2名が通路の真ん中に立っている場所と同じである。この工場では以前は通路の概念がほとんどなく作業は図表6-38のように思い思いの所で行なわれていた。この場所は工場の作業動線の集中している場所であり、他の物を移動する時あるいは他の作業者が通る時には、作業の途中にも関わらず作業を中止してラックを移動して避けるしかなかった。このような作業の中断が日中何度も繰り返され、これが作業効率の低下を招き生産性低下の大きな原因となっていた。このような現象は多くの他の工場でも発生しており、食品工場の工場稼働時間に占める実稼働（付加価値作業）率の低下の大きな原因となっており、即ち低生産性の原因にもなっていたのである。通路の確保はラインの改良といってもよいくらいである。

　このような作業中に作業を中断する原因になる他の物の移動（運搬）を避けるためには、作業そのものを通路の外で行なう必要があった。そのためには通路を確定しなければならない。作業者が個人の思惑で通路を想定し通路の位置が不安定であれば、作業を実施すべき位置が確定す

図表6-38　従前

図表6-39　仮説通路

るはずもないので通路の設定を行なうことにした。

　通路は当然直線的な通路の設置が望ましいのであるが、工場自体の構造を簡単に変えることもできず、アンカーボルトで固定してあるような重量のある大型の設備は容易に移動することはできない。従ってこのような現実を受け入れながら次善の策を取らざるを得なかった。**図表6-39**はその理想と現実の間でいかに通行しやすい通路と作業場所の確保とのせめぎ合いの状況である。

　はじめから塗料で描いたりラインテープで確定すると描き直しが大変になったりムダになったりするので、取りあえず養生テープで仮の線を設定した状況である。設定後作業を実施しながらテープの位置を修正して適切な位置に固着力のあるラインテープで通路の位置を確定した。その結果作業の中断が激減したので生産性は相当向上した。食品製造業以外の多くの製造業においては工場の通路の確保は当然のごとく実施されているが、食品製造業に関しては通路設置による生産性向上の意識が低い点と異物混入に対する心配からライン設置を避ける傾向にあるが、今後食品工場の生産性を向上する上で通路は重要な要素となるであろう。すべての食品工場で効率的かつ安全な通路の設置を望むものである。

Ⅵ-10　卵焼き・錦糸卵の生産効率

　この工場は卵焼き・出汁卵焼きの工場である。この工場では加熱方法の改善、付着防止、異物混入防止など多くの改善をやってきたが、生産性向上には、いかに短時間で自動卵焼き機の所定の工程を完了させるかにかかっている。卵の溶液を焼型に流し加熱して焼き、ふた部と底部を反転して、今まで蓋部であった空になった容器に新たに卵液を入れて再び加熱する。同様の操作を何度も繰り返すことによって所定の厚さの卵焼きを作る。

　いかに短時間で卵焼きを焼き上げるかが課題であるが、そのために投入卵液の温度が高ければ加熱して凝固に至るまでの時間を短縮することが可能になる。しかしご承知のように卵液の温度を上げ過ぎると卵液は凝固してしまう。そのために液卵の温度を適切に加温調整するのが図表6-40の液卵予熱装置である。この卵液予熱装置から自動卵焼き機に卵液は供給される。この装置はラジエーターのような構造になっており、図表6-40の中央部の箱の中に熱交換器である金属性のパイプが入っており図表6-41中下部のポンプからホースを通じて卵液が搬送される。金属管に入った卵液は反対の端からホースで次の金属管に送られる。この繰り返しが多くの曲がったホースの群れである。従ってこの箱の中で卵液は加熱されるが、外部のホースでは特に室温が低い時には冷却されることになる。それを防ぐためにできるだけ短いホースで接続したのが本図である。

　ところがこれまでホースの引き回しには無頓着でゆとり（過剰の長さ）のあるホースの接続状態であった。これが先の例に示したように室温による卵液温度低下の原因になっていた。加温された卵液は液卵予熱装置から自動卵焼き機の随所に直接送られるのではなく図表6-41のように一度卵液分配装置に送られここで分配されて各所に送られている。

図表6-40　卵液予熱装置

図表6-41　卵液分配装置

図表6-42　錦糸卵製造機と予熱装置

図表6-43　錦糸卵

以前はこのホースも弛んでいたが現在ではできるだけ短く接続し卵液の温度低下を防いでいる。これにより自動卵焼き機に送られる卵液の温度が冬季であっても室温による低下が少なくなり、温かい卵液が供給されることによって自動卵焼き機の中で吸収される熱量が少なくなり焼成時間が短縮された。このような装置の改善により結果としてこのラインの生産性は1割以上向上した。

　図表6-42、6-43は錦糸卵の製造装置であるが、こちらも卵焼き以上に供給する卵液の温度が錦糸卵の焼成速度に影響する。以前は本体と予熱装置の間にはもっと距離があったができるだけ近づけて設置した。予熱装置を逆の向きにするともっと近づけることができるが、部屋のレイアウトと操作の関係で実行できなかった。ここも将来検討する余地がある。

Ⅵ-11　メロンパン押し型 くるみパンカット

　全国的にはメロンパン、神戸など西日本ではサンライズと呼ばれる菓子パン（**図表6-44**）は菓子パン生地の上にビス生地を載せ網目模様をプリントしたサクサクした食感の菓子パンである。従来は**図表6-45**のメロンパン押し型を使用して一つ一つ作業者が手で押しプリントしていた。そのために流量にもよるが作業者を2名程度は必要としていた。

　そこで**図表6-46**のような製パン機械メーカーのような成形機もあるが、これは数百万円単位の導入コストが必要になる。しかし、作業者を2名程度削減できるために生産性は1～2割向上した。メロンパンの専用ラインの**図表6-47**に見られるような自社生産技術部作製によるプリント成形機を導入した工場がある。これはメーカー製のものに比べて一桁安価に導入できる。基本性能はメーカー製に劣らない。

　図表6-48はくるみパンの手成型の様子である。二人の作業者が自社製の冶具を使ってパン生地に切れ目を入れているところである。このくるみの入った食事パンは火通りを良くし食べ口を良くする為に、5弁の花の様に円周から中心に向かって5本の切れ込みを入れている。**図表6-49**は作業者に代替して自動で切れ込みを入れる自社生産技術部作製の自動メス装置である。この装置の効果でメスを入れていた作業者は必要なくなる。作業者が減少した分生産性が向上するのは当然である。

　上の例と同様に生産技術により生産コストが削減されることは容易に想像していただけると思う。またこの装置は汎用ラインにおいても、簡単に装着、着脱ができるために、他の製品を製造する時には外すこともできて作業の邪魔にならないように配慮されている。

　メロンパンの網目模様はいわゆるプリントのように溝を付け生地の途中で止まるが、くるみパンの方は5弁の花弁のように切り離さなければならないので、切り込み用のメスはパンを運ぶベルトに直接ある程度の

図表6-44 メロンパン

図表6-45　メロンパン型

図表6-46　メーカー製メロンパン成
形機

図表6-47　自社製メロンパン成形機

圧力で当たり、当然ベルトそのものを痛める可能性が生じる。ベルト痛めないようにするために、メスがベルトに接触した時に強く押し過ぎないように圧力の逃げを作るところが鍵になる。しかもパン生地は鉄やプラスティクのように均一の厚みや形状ではないので、生地の位置の認識能や力加減はこのような装置を作る上で重要な技術ファクターになる。

　その為このような装置を製作するには組織資産である社内の生産技術力を高めておかなければならない。多くの食品工場は社内の生産技術力や生産技術組織をまだまだ充実する必要がある。今後食品工場にロボットを導入する場合などにおいては、ロボットを買ってきただけでは効果が上がり辛く、ロボットを現場にマッチさせて導入するにはSIerと対

図表6-48　くるみパン手成形

図表6-49　自社製くるみパン自動成形機

等に話し合えるレベルの生産技術部門が社内に必須であることを忘れてはならない。

VI-12　工場の過剰な湿度を防ぐ―除湿機

　食品工場では蒸気の配管が巡らされている工場が多く、多くの蒸気による加熱装置が設置されている。その結果**図表6-50**、**6-51**のように加熱装置の温水面からは大量の蒸気が排出されて工場内に蒸気が溢れている所も多い。また加熱に利用されなかった余剰の蒸気はドレインとなって高温の水と一緒に工場内に排出されている。

　これが水蒸気あるいは湿気として工場に充満し、工場内の湿度の上昇やエアコンの負荷になりエネルギー損失に繋がっていると同時に、工場内壁で結露を起こしたり、内壁に吸収されたりしてカビの原因にもなり衛生的にも大きな問題である。最近では水を多く使う食品工場ではステンレスによって内壁が覆われる例が多いが、ステンレスは他の壁材に比較して熱伝導率が高く、そのために水蒸気は一気に冷却され水滴となりステンレス壁面を流れるようになる。壁が常時ぬれた状態であると当然カビの原因になる。多いのがいわゆる黒カビであるが胞子が飛べば食品のカビの発生の原因になっている。古い工場では木製の壁の場合があり、工場の壁に黒カビによって覆われている工場さえみられる。

　このような過剰な湿度の弊害を防ぐには速やかに蒸気を水に変えて排水すればよいのであるが、蒸気を含む高温のドレインを例えば水槽に排出しても水槽の水はすぐに温度上昇して、水槽から水蒸気を発生し結果として余り効果がない。

　そこで**図表6-52**、**6-53**に提案したような蒸気回収装置を提案したい。これは家庭用のエアコンの室外機のスクラップを利用して作った。室外機の熱交換機のパイプの中に蒸気を含んだ雰囲気やドレインを通し、これにモータでファンをまわして風を当てることにより、熱交換器を冷却し、蒸気を水に変換することができる。この水は熱交換器の冷却効果により室温近くまで温度が下がっているので、再び水蒸気になって

工場内に蒸発することはなく排水溝から工場外に流れ出る。そのために工場内の湿度は上昇することはなく、当然水蒸気による湿度の上昇や結露による水滴は発生しない。そのためにもちろん工場内壁に水蒸気を原因とするカビの発生は見られない。

　これらの蒸気回収装置は写真に見られるようにエアコン室外機の熱交換器とモータ付きのファンを外殻で覆っただけの簡単な構造である。ランニングコストはファンモータを回すだけの電気代だけである。エアコンの室外機はスクラップとして安価に入手できるから、工場の過剰な湿度にお悩みの工場はぜひ検討して見て頂きたい。

図表6-50　攪拌釜から出る蒸気

図表6-51　蒸煮槽から出る蒸気

図表6-52　蒸気回収装置

図表6-53　蒸気回収装置

Ⅵ-13 寿司工場のレイアウト

　下の2図は寿司工場のいなり寿司の生産ラインに当方がコンサルに入った当初のものと、約2ヶ月後の様子である。撮影場所はほとんど同じであるが、**図表6-54**はいかにも雑然としており、物の移動にも苦労していたことがわかる。これに反して**図表6-55**では床も見えるようになり、物の移動も以前に比べると円滑に行なえるようになってきた。しかし一見通路のラインに見える線も実は物を置く位置を決めたラインに過ぎない。マテハンを意識したラインであればもっと整然としたレイアウトにすることができたはずだ。しかしこの工場ではこのようなレイアウト改善により3ヶ月で10%近く生産性を向上できた。レイアウト変更には電源の確保やエアーの準備など様々な供給ラインの準備などが必要になるので作業者だけでは難しい。工務部門の積極的な協力なくしては難しいのが現実である。そのためレイアウトの変更が必要と感じても一歩踏み出せない工場は案外と多い。その面でも社内にエンジニアリングが必要である。もしも社内にそのようなゆとりがなければ外部の電業社や鉄工所などで協力してもらえるところがあれば、日常的な協力を形成しておくこともよいだろう。

図表6-54　従前

図表6-55　改善後

VI-14　フィリングトッピングマシン

　図表6-56では4角の板状パン生地の上に自動でファイリングが絞られている様子である。ここではフィリングは4角の生地の対角線に沿って絞られている。生地の進行方向に沿って絞る装置は簡単だが対角となると結構動きが難しくなる。通常**図表6-57**のように絞り袋にフィリングを入れて手で絞っていくことになる。製品の流れの速度にもよるがこの写真では製品1列に付き1名の作業者を要している。しかも絞り袋では袋に入れたフィリングはある時間で無くなってしまうから、作業者自らが補填するには生地の流れより早く作業を行なって、補填時間を稼がねば間に合わないことになる。

　図表6-56ではフィリングの絞りを自社製の装置で行なっている。この装置であれば生地の流量に関わらず、定量ポンプでフィリングを送り込めば極めて正確に生地を絞っていくことができるので材料の計量誤差も防げる上に、作業者数名を削減することができるのでライン全体で2割程度の生産性の向上が望める。今後の食品工場にとってここに示したように、いかに手作業を自動化して人件費を削減していくかは工場経営の鍵になるはずだ。特に人手不足の昨今では極めて重要な視点である。

　次は生地の上にソーセージをのせて**図表6-58**のように、その上にフィリングを波型に絞った後に焼いたパンの製造風景である。仮に時間4000個のペースで作れば、ケチャップの絞りは1列に付き1時間あたり約1000個のペースで絞らなければならないことになり均一に絞ることはかなり難しい。作業者4人で絞ると波型に絞りながら連続的に1本3秒余りで絞らねばならない事になり、製品の品質の安定度を加味すると長時間に渡り作業を続けることはほとんど不可能と思われる。しかし機械なら疲れないし速度に応じて絞ることもできる。この装置を導入することでこの製品でも2割以上の生産性向上に貢献したことになる。その

図表6-56　フィリング絞り

図表6-57　手絞り

図表6-58　ケチャップ波形絞り

上作業者が作業するスペースに相当するスペースが不要になる。

　しかしこのラインでもう一つの生産性低下の原因は人海戦術で行なっているソーセージ並べである。この作業には人手が掛かるのでロボットの導入を検討すべきだと思うが、この現場には多くの食品工場に共通する問題があってロボットの導入にはなかなか至れない。まずロボットの導入など考えたことも無い、以前建設された工場にはロボットを導入するスペースがほとんどない無いことが多い、まして安全柵などを設けないとならないとしたら完全にロボットは導入できなくなってしまう。

　パン工場のようなプロセス型の食品工場は多品種少量生産がほとんどで専用ラインは余りなく、いくつも製品を生産する汎用ラインが通常である。そのために自動車や電機のラインのように、ほぼ単一製品を１日

24時間に渡り生産しているラインと異なり、単一製品の生産時間はせいぜい数時間しかないのである。従って自動車や電機の工場において3年で投資金額が償却できるとすると、食品工場では単純に計算すると15年くらいかかってしまう計算になる。

　もしもこの作業をロボットで行なうとしたら、ロボットは1時間当たり4000個のパンの上にソーセージを置かねばならない。この製品では1個当たり2本ずつソーセージが載っているのでロボットは8000本のソーセージを置く必要がある。1時間は3600秒なので1秒に2.2本に載せないといけなくなる。一般的な産業用ロボットの中で最速であるパラレルリンク型ロボット＊でも余程ソーセージの供給方法を考えなければ1台では難しいのではないだろうか。

　仮にロボット1台の導入経費を1500万円として作業者のPコスト＊を1500円／円とした場合、4人の作業者で4時間ほど掛かるとすると1年間の労務費は1500円／人時×4人×4h×365日＝876万円となり2年程度でできることになるが、もしも1台では間にあわないために2台必要とすると初期の導入費が3000万円になり3年半くらいは掛かる計算になる。

　この場合エネルギーコストやソーセージの準備投入作業分は入れていない。あるパラレルリンクロボット2台とコンベアを使った箱詰めシステムで約5500万円という例もあるようだが、この場合は上記の稼働条件で6年余り設備償却に掛かることになる。食品の商品としてのライフは短いので、場合によっては償却期間が終了する前に商品そのものが終売になることもあるので、食品工場の場合産業用ロボットに関わらず設備の導入には償却年数に注意しなければならない。

　経済的な条件のほかに現時点ではロボットの能力の技術的な問題が残る。例えば自動車生産のタクトタイムは1〜2分だが、溶接ロボットは1

＊パラレルリンク型ロボット：パラレルメカニズムを用いた産業用ロボットで従来型の多関節ロボットに比較し高出力で高精度とされている。

＊Pコスト：作業者1時間当たりの労務コスト、作業者の1時当たりの平均給与の他、通勤費、福利厚生費等のすべての労務コストを1時間当たりに算出したもの。

分間に何ヶ所溶接するのであろうか。一ヶ所の溶接ポイントに与えられた時間は何秒であろうか。仮にこのラインで4000個のパンを生産したとすると一つのパンにソーセージが2本乗っているので8000本のソーセージを乗せなければならなくなる。もしも1台のロボットで乗せるとなると1時間は3600秒なので1秒で、ソーセージを2本以上乗せなければならなくなる。1台のロボットで無理なら2台のロボットになるが、それではイニシャルコストが上がりすぎて経営的にペイしないかもしれない。2台でも1秒あたり1本以上となり速度的にも結構難しいのではなかろうか。

　もう一つの難題は食品の物性が鉄やプラスチックのように頑健ではないことである。発酵したパン生地はガスが充満していて弾性をもっており、軽く置いたのではソーセージは生地から転がり落ちてしまうし、逆に押さえ過ぎたら生地のガスが出てしまい。生地はペチャンコに潰れてしまい、製品の価値が失われてしまう。しかも生地は一つ一つ形や厚みがことなり、ソーセージを置く位置や押さえる加減の調整が難しいために現状では人手でないと難しいのである。

　その上先にも上げたようにこのようなラインでは1日に数十種の製品を生産するので、特定の製品のために特定の装置を設置することはスペースの点からも困難がある。

　しかしながら例えばこのソーセージを置くような微妙な作業を代替する可能性のある機械装置は現在のところロボットしか考えられないので、上述の問題点を乗り越えてロボットの導入を積極的に考えねば、人手不足の労働環境の中で食品製造業に明るい未来はないかもしれない。

Ⅵ-15　段差乗り越え台車

　当工場では**図表6-59**のように赤飯をほぐした後に小型のプラコンに入れ下方に見えるドーリーに乗せ、冷却のために真空冷却機まで運んでいたが、この工場は他業種の工場からの転用のために**図表6-60**に見られるように床に段差があり、ほぐし機と真空冷却機は直線距離では近いにも拘わらずドーリーはこの段差が乗り越えられないために、時間を掛けて工場を大回りして真空冷却機まで運んでいた。

　手押し台車はその打開策である。高いほうの床と低い床との段差と同じ高さの盤面の手押し台車を準備し、この台車の上に小型のドーリーを載せこのドーリーの上に上記の赤飯の入ったプラコンを乗せて段差までは手押し台車でプラコンを運び、段差では手押し台車からプラコンを乗せたドーリーだけを引き出し、近くにある真空冷却機まで容易に運ぶことができるので、遠回りして運んでいたのに比べて極めて短時間で運ぶことができて効率が大幅に向上した。

　この手押し台車には荷物をのせる盤面に囲いがつけてありドーリーを運ぶ時にドーリーが予期せず落ちることがなく、段差を乗り越える時には容易にドーリーが降ろせるような工夫が当然してある。新しい試みをする時にはくれぐれも安全と予期せぬ動きに配慮しなければならない。

図表6-59　飯ほぐし機

図表6-60　段差と2段台車

VI-16 チョコトッピングガイドレール

　菓子パンにはチョコなどをトッピングした製品が多くあるが、そのまま生地の上にチョコレートを撒くと生地上から落ちてチョコレートがムダになってしまう事と、やり直しによって工数が増えてコストアップにつながる。そこで**図表6-61**のように生地上にステンレス製のバーを吊るしてチョコレートを撒く巾を規定することで、生地上にチョコレートを満遍なく広げることができる。

　材料が無駄にならないことも利点であるが、もしもこのガイドレールがなければチョコレートが落ちるので、これを摘み上げて元に戻す手間も馬鹿にならない。このようにちょっとした工夫が生産性の向上に影響を与える。このガイドレールは写真手前の上部の横棒から吊るされており、ガイドの巾は自在に調整できるので種々の製品の種々の材料のトッピングに調整して利用できる。

図表6-61　ガイドレールを使用したチョコトッピング作業

Ⅵ-17　粉払い刷毛装置

　パン生地の扱いは手粉と呼ばれる小麦粉を散布することによって付着を防いで行なわれる。**図表6-62**はシート状の生地に対して刷毛を円筒状に形作ったものを回転させて行なう装置である。こちらは既製品もあり比較的よく見かけられるが、**図表6-63**は成型したパン生地を生地の先行方向に対して直角に刷毛で掃いて手粉を落とす装置である。成型した生地から粉を落とすという単純な作業であるが、この装置がなければ作業者1名が必要になるので生産性向上には重要である。成型した生地は山形になっており単純な往復動作では払い落とせない、装置の動きや払いの回数などがその性能を決める。

　これとは別に図表6-63のように作業者が位置を変更する作業は今後自動化に改善しなければならない。この例を待つまでもなくパン工場や菓子工場ではコンベア上の並べ替えが頻繁にある。並べ替え作業の削減は食品工場の真っ先に取り組まなければならない作業である。ロボットの活用が期待される。

図表6-62　回転式粉払い機

図表6-63　コンベアの進行方向に直角に動く粉払い機

Ⅵ-18　成形サイズ合わせ（レーザーポインターの活用）

　食品に関わらず量産製品はサイズ等の統一が重要であるが、パン生地はレオロジカルな特性の為に製品のサイズを合わせるのは結構難しい。この工場では製品のサイズを合わせるために**図表6-64**のようにステンレスパイプを所定のサイズに切ったものを定規として使用している。目盛り付きのスケールを使用している工場もあるが、目盛りは案外と見づらく間違いやすい。その点生地の長さと合わせて作ったパイプは使い易すく、製品のサイズに合わせて使い分けている。

　図表6-65のように天井近くにレーザーポインターを設置して、作業台に所定の長さを示すようにしておくと、定規を使う煩わしさからも開放される。但しレーザーは人の目には有害であるので写真のように、作業者の眼にレーザー光が入らないように設置角度に留意してレーザーポインターは取付けなければならない。利便性よりも安全性が最重要であることを忘れてはならない

　ロールパンはモルダーで成型されて天板に並んで配置されている。プレス天板のプレス部に比べてやや短くやや太いことが多い。そのため作業者2名で生地の長さを伸ばして調整しているのが**図表6-66**の写真である。手前のほうにレーザーポインターが設置してあり、作業者はその指示された長さに生地を調整している。

　生地はモルダーにより巻かれて伸ばされるが、今まで生地はやや短く太かった、**図表6-67**では生地がやや長細くなっている。写真では見えないが当社の生産技術部門で展圧部分に加工を施し、写真で見られるように生地の長さは作業者がほとんど伸ばさなくてもいい状態まで成型されている。そのため作業者1名で確認程度の調整を行なっている。作業者の手前にレーザーポインターが見えるがこの指示によって調整している。それでもこの1名の作業者の仕事をいかに機械化するかがこの工場

図表6-64　スケールモデル

図表6-65　レーザーポインター

図表6-66　手作業の長さ調整

図表6-67　改良展圧板による省力化

　の次なる目標となっている。いかに少ない作業者で作業を行なうか社員の執着が生産性向上への必須条件である。

VI-19　粉糖振り掛けトッピング装置

　図表6-68は粉糖の振り掛け（スプリンクル）機である。装置の上部に粉糖を入れるタンクがあり、粉糖が下を流れるロールしたパン生地に自動的に振り掛けられるようになっている。粉糖は乾燥しているときはさらさらしているが、吸湿すると塊が生じ案外と振りかけ作業をしにくいが、この装置では詰まることもなく安定的に作業を行なうことができきた。

　図表6-69の場合、生地の列は6列であるがこれに作業者が振りかけるとすると、人の手は2本なので一度に2列しか掛けることはできない。すなわち6列の生地の流れに粉糖を掛けるとすると3人の作業者が必要になる。人が振りかける時は粉糖を両手に掴んでそれを手の隙間から流しだすようにして振りかけるので、どうしても振り掛ける量は変動してしまい斑になってしまいがちである。この粉糖振り掛け機は連続的

図表6-68　粉糖掛け装置

図表6-69　細部

　に粉糖を振りかけていくので均一な量で振りかけていくことができる。
　振り掛け口のところに2枚一組のステンレス板が取り付けられており、この間隔によって振り掛けられる粉糖の巾が調整でき生地の幅以上に振り掛けることを防ぐ事ができるのでコンベア上に落ちる粉糖の量を減らすことができる。今まではこの作業を人手で行ない散布量の2〜3割程度はコンベア上に落ちてしまっていた。このような菓子パンラインの作業者数は品目にもよるが15〜20人であるので作業者3名削減は15〜20％の生産性向上になり、このような作業者削減による生産性向上はもちろんのことであるが、加えて廃棄される粉糖減少は使用材料コスト低減に効果がある。生産性向上には労働量の削減だけでなく、材料ロスを減すことにも留意していかなければならない。

VI-20 オイル噴霧器

　菓子パン類の製造ではアルミホイル製の簡易焼き型を使う場合がある。最近ではこのような焼き型にテフロン加工をしたものもあるが、通常パン生地の付着を防止するために油脂を塗布してアルミ型を使用する事が多い。その場合アルミ型への油脂の塗布を事前に外段取りで行なうこともあるが、それはそれで別の山積み山崩しによる作業量の増加になる。

　生産量が多ければ自動で油脂を噴霧する装置を作製することもできるが、生産ロットが小さいと別途自動噴霧の設備を作ることは採算的にも合わないし、単一方向からの噴霧では型の内側全体に噴霧することは案外難しく、過剰に噴霧すれば広がってコンベアベルトに油脂が掛かってしまう不都合も生じる。

図表6-70　油噴霧しながら生地入れ

　そこでこの工場では**図表6-70**のような手持ちの簡易噴霧器を開発し
た。この噴霧器にはオイルを供給するチューブとエアーを供給する
チューブをつなぎ込んであり、作業者がレバーを握るとオイルが霧状に
噴霧できるようになっていてオイルを型の内部に満遍なく塗布すること
ができる。この装置は軽く片手で操作できるために、右手で装置を握っ
て油を噴霧しながら左手で生地を扱うこともできるので、この写真では
ロール状に成型した生地をアルミ型に入れている。この装置の利点とし
て使用しないときは簡単に外すこともできるので、大型の自動噴霧器の
ように別の製品の作業の邪魔にならない。

Ⅵ-21　天板回転装置

　パンなどの食品の製造における生産の流れと製品の向きとの関係が加工の方向や加工方法によって障害になる時がある。特に小型の製品はコンベアの乗り移り、特にクーリングコンベアのつなぎ部分などでの乗り移りなどで製品が詰まったり、側壁などに引っ掛かったりするなどの障害が起こり易いために製品のクーリングコンベア上等の移送中の製品の向きは重要である。

　通常製パンの成型設備であるHMラインなどのギロチンカッターによるカットは進行方向に直角にしかできない。この場合カットの寸法によって製品の進行方向のサイズが小さい場合があり、製品の進行方向のサイズが小さいと2つのコンベアの乗り移りで前に渡れずに留まってしまうことがある。**図表6-71**ではギロチンカッターでカットされた製品の向きをこのような障害を防ぐために作業者が90度変えているところである。製品の向きを変えたことでコンベア式のパンナーによって天板に自動的に並べることが可能になった。

　このような方策を取れば向きを変えるための余分な作業者が必要になるが、このような非付加価値作業のための作業者は生産性向上のために

図表6-71　手作業の方向転換

図表6-72　天板の転回

はできるだけ削減したい。そこでこの工場では**図表6-72**のような天板の回転装置を設置した。この装置があれば生産の流れのままに人手で製品の向きを変えることなく自動的に天板の上に並べることができるために、方向転換のための非付加価値作業をする作業者は不要になる。

　この工場ではこの装置の回転部分のユニットだけを買ってきて、生産技術部門がラインを加工してユニットをラインに取り付けた。このようなラインの改善を業者に依頼する場合に比べて一桁少ない経費でライン改造ができたわけだ。

　プロセス型の食品製造業ではこのような作業がラインのあちらこちらで発生しているのが現状である。作業者には付加価値作業以外の作業は絶対にさせないくらいの考えで、できるだけ無駄な非付加価値作業を削除する必要がある。但しこの工場の天板は普通の長方形ではなく、正方形の天板であったので今回の改善ができた。生産補助治具の選択も生産性向上に大きな影響を及ぼすことにも留意しなければならない。

　このようにこれからのプロセス型食品製造業においては生産技術部門の役割が生産性向上の決め手になることは間違いないであろう。工務・保全・設備部/課などと称されるエンジニア部門はトラブルが起きた時の修理屋という認識を持っている組織がまだまだ食品製造業には多すぎる。エンジニアリング部門が生産技術を駆使して生産性向上の先頭に立ってもらいたいし、経営者にもその認識をもってエンジニアリング部門を育成していただきたい。それが今後の食品工場の生産性向上の鍵になることは間違いないであろう。

VI-22　発酵を助ける加湿装置

　図表6-73、6-74は発酵室の加湿装置の写真である。装置から蒸気が発生して部屋を加湿しているのがわかる。このような簡単な装置でも外部の業者に依頼しないとできない食品工場が案外と多いのではなかろうか。蒸気発生ユニットを購入し簡単な制御でこの程度の設備はできるはずである。最近のプロセス型の食品工場は短い商品のシェルフライフの為にどんどん製品の切替えが起こっている。このような製品の頻繁な切替えに応じてラインを変更していくには応用力のある技術を持った生産技術部門を社内に育成しておくことが食品工場生き残りには必須である。

図表6-73　加湿装置

図表6-74　加湿装置

Ⅵ-23　卵塗り仕上げコンベア　自動霧吹き

　このラインは手作りパンの生産ラインである。当初は**図表6-75**のように不安定な長さ調節可能なコロコン（ローラコンベア）で仕上げ加工を行なっていたが不安定な作業となってしまうので、**図表6-76**のような安定したコロコンコンベアに変更して確実な作業ができるようにした。ところがこの長さのコンベアでは多段のオーブンの1段に入る天板の枚数を並べることができず、オーブンに天板を入れるための窯入れリフトに天板を並べる最中に天板を差し替える必要が生じた。

　そこで安定したコロコンを2台並べて接続して設置した。**図表6-77**でわかるように、コンベアは作業に充分な長さがあり一度にオーブンに入れる枚数の天板の仕上げ加工をできるようになった。この連続した2つのコンベアはわずかな傾斜がつけてあり作業者が手で触らずとも、仕上げ加工ができる程度のゆっくりした速度で自動的に下流に向かって移動するようにしたために、天板をオーブンに挿入する際には常にオーブン近くまで天板は移動しており、オーブンへの挿入時作業者はほとんど移動しなくても作業できるようになった。

　ところが図表6-77に見られるように艶出しの卵をすべての焼き前の製品に手塗りで塗るのはかなりの手間で間に合わすために多くの作業者を必要とした。例えばオーブンに12枚の天板が入るとして、天板1枚当たりに写真のように9枚の製品が乗っているとすると1窯（バッチ）あたり108枚の製品に塗り玉をしなければならない。焼成時間を10分だとすると10分間で108個の焼成前の製品に塗り玉をしなければならなくなる。そのための様子がこの図である。

　そこで**図表6-78**のようなスプレー式の塗り玉装置に切替た。コロコン上に天板を載せれば天板は傾斜によって自動的にオーブンに向かって移動していくので、作業者は4名から1名になり一人当たり10分間で容

易に塗り玉を行なうことができるようになり、1バッチ当たりのタクトタイムで焼成を安定的に連続して行なえるようになった。

図表6-75　不安定なコロコン

図表6-76　安定した延長コロコン

図表6-77　艶卵塗り

図表6-78　噴霧による塗り玉

Ⅵ-24　脈流生産改善

　第Ⅱ章で述べたようにプロセス型の食品製造業の多くはバッチによる生産が多く、これがプロセス型食品製造工場の生産性を低下させている原因の一つであると述べた。パン製造のみならず多くのプロセス型食品製造業では生地が分割機で分割された時には生地は個別のディスクリート生産のように流れるが、幾つかの生地が天板やセイロに載せられた時点で生産の流れは塊に成ってしまう。下の図は焼き込み調理パンの窯前仕上げの絞り袋によるトッピング作業の様子である。自動ホイロから排出装置により**図表6-79、6-80**のように約40秒ごとに4枚ずつの天板が出てきている。この時点で天板4枚が一塊になっており脈流になっている。

　天板1枚当たりに15本の生地が載せられているので、15本の生地が塊になっている。そしてここでは自動ホイロから天板が4枚ずつ排出されれば、15本／天板×4枚＝60本が塊になることになる。4枚の天板が仮に40秒毎に自動ホイロから出てくるとすると、この窯前仕上げでは40秒間で60本の生地にトッピングを絞ればよいことになる。ところが実際には4枚の天板は作業者の前を15秒程度で通り過ぎてしまうのであ

図表6-79　自動ホイロから出る天板群　　図表6-80　自動ホイロから出る天板群

る。なぜなら押し出し装置のプッシャーは10秒程度で動作し、作業者の作業域をコンベアによって15秒程度で通り過ぎてしまい、残りの25秒程度の間作業者は手待ちとなってしまっていた。

この場合**図表6-81**のように4人で仕上げ作業をすれば60本の生地は1人当たり15秒で15本の生地を仕上ることになる。そのため4人であっても1本当たりには約1秒の時間しかなく、作業者はこの速度で急いで作業をこなしたが、残りの時間は手待ち時間となってしまった。その原因はもともと製パン装置の設計において、窯前作業などについての配慮がなかったことと、作業性よりも機械装置のトラブル回避の方が重要視され、速やかに4枚の天板が円滑に運行窯に入っていくことが設備的に重要視されていたからである。

40秒間隔での天板の排出間隔は焼成時間の関係で変化することは天板詰まりなどのトラブル回避のためにはできないが、次の直線コンベアに天板が乗移った状態でこのコンベアの速度を遅くして、作業者の前すなわち作業時間に相当する箇所を機械的トラブル発生のリスクのある速度よりも短い、例えば35秒掛けてゆっくりと通過するようにすれば作業者2人でも今までよりもむしろ余裕を持って作業を行なうことができるのである。

このような原理でこの工場ではこの仕上げ作業に要する4人の作業者を**図表6-82**のように2人までに削減することができた。この作業者削

図表6-81　3、4名での窯前作業　　　図表6-82　2名での窯前作業

減はライン全体で10％程度の生産性向上に寄与することになった。ただ留意していただきたいのはこの写真のような連続生産ラインでは複数のコンベアは作業速度の関連を持ちながらそれぞれの速度で動いているので、目の前の短絡的な動きの調整だけをしてライン全体の動きにトラブルや支障が出ないように留意していただきたい。

　自動ホイロでなければ生産の流れがいったん途切れてしまうために、**図表6-63**のように手動ホイロのラックに載った生地は数百個単位の塊になってしまうことがある。このようにラックの生産に伴う操作が悪いとラック単位の大きな波の断続生産になる可能が大きくなる。そういう意味では塊の小さい自動ホイロの方が脈流の振幅は小さいとも言えなくもない。したがって手動でラック等を扱う場合はより大きな脈動を発生させる危険性があるので、ラック等の操作においては操作の間隔に注意して均等に行なわなければならない。

　前事例は自動ホイロから製品が出て窯前仕上げを行なっている例であったが、次の事例はオーブンから出てきた製品のやはり脈流による非効率な作業を解消した例である。この作業はトンネルオーブンから出てきたケーキをクーリングコンベアに続くコンベアに移す作業である。通常はデパンナーで天板からケーキを外すのであるが、デパンナーが吸引式であることとケーキがグラシンのカップを使って作られているので、デパンナーを使用できずに人力で外している様子が**図表6-84**である。

図表6-83　手動ホイロを出た窯前ラック群

先の例のごとく天板は30秒程度のインターバルでオーブンから排出されているのだが、排出のアンローダーの動きに合わせた速度でコンベア上の天板は動いているので、二人の作業者は必死で天板からケーキを上方のクーリングコンベアに続くコンベア上に乗せていた。

　そこで作業者の前のコンベアの速度をオーブンの天板排出インターバルの時間内でトラブルを引き起こす可能性が無く作業に支障のない可能な限り遅い速度で動かした。すると**図表6-85**に見られるように今まで二人で必死に行なっていた天板からのケーキ除去が一人でも難なくできるようになった。このような調整はラインのコンベア速度の調整で簡単に実現できるし、問題に気付いたその場でも修正できる改善である。

　食品工場の問題はコンベアの速度が作業に影響することを理解している工場が少ないことと、このような調整ができる人が少ないことである。配電盤の中にあるコントローラーやリレーなどは普通の作業者には扱えないし、また扱うのも危険である。このような設備装置がらみの生産性向上には工務部等の生産技術部門が必須である。そしてこれらのエンジニアリング関連の組織・人はただ機械装置が機械的なトラブルがなく円滑に動かすだけでなく、円滑な生産の流の中で機械装置やコンベアを動かすことを理解しなければならない。

図表6-84　手によるデパンニング

図表6-85　速度調節後のデパンニング

Ⅵ-25　成型不良指摘装置

　菓子パン類の多くは**図表6-86**のように複数の作業者によって成型される。作業者にも個人差があり、技量のある人も不足している人もいる。食品製造業の勤務年数あるいは経験年数は他の製造業に比較して短く、パート・アルバイト・外国人実習生など様々な雇用形態の作業者がいて現実的にすべての作業者が充分な技量を備えているとは限らない。それでもラインでは1時間あたり3000〜6000個くらいの成形作業を行なっている。

　そのためベテラン作業者であってもすべての作業者の作業状態を把握することは困難で不良成型の物が通過してしまうことがある。成型ラインの末端で作業者が成型ライン下を流れる天板に成型した生地を載せて並べていくが、仮にこの作業を行なう者が成型不良を見つけても騒々しい工場内でその内容を上流の個々の作業者に的確に伝えることは難しく、しかも成形作業者のうちの誰が指摘されたのかはわかりづらいのが実状であった。

　そこで**図表6-87**に見られるような成型不良指摘装置を開発設置した。部品代はわずか1万円以下で内製できた。装置の導入前にまずそれぞれの作業者にコンベア上のそれぞれ並べる列を決めた上で成型済みの生地を置かせた。この装置では成型済み生地を載せる作業者が天板に載せる時に成型の不良に気付いた時、コンベアの側面につけたボタンを膝で操作すると装置のランプが点灯し、いずれの作業者の成型状態が悪かったのか作業者が認識できる仕組みになっている。

　今までは誰の作業が良くなかったのか確実に認識できなかったので、作業者の意識としては指摘があったとしても、スルーしてしまい作業の改善には結び付かなかった。通常、集団で指摘されるのと1人で指摘されるのとでは問題の認識の程度が異なることからわかるように、この装

図表6-86　成形風景

図表6-87　成形不良指摘装置

置を導入してからは作業者の集中度が増して成型不良が激減した。成型不良のような問題は技量不足のみならず、作業者の意識が大きいために、作業者の注意を喚起することによって成型不良の発生を防止することができたのであろう。この装置を導入後には興味深いことにこの装置をほとんど使用しないで済むようになった。作業者にはある程度の牽制がいるという事であろうか。

Ⅵ-26　夾雑物除去台車

　この工場では粘度の高いソースをレオニーダーで炊いているが、蒸煮終了後にはレオニーダーの缶壁に相当の量が不着して固まっている。今まではレオニーダーの洗浄後それを工場内の床に流していた。しかしその夾雑物はタンパク質、炭水化物、油脂を多量に含んでいるので粘着性が高く床に付着し床掃除にかなりの時間を要していた上に、それは高いBOD負荷があり、ゆとりがあまりなかった排水処理槽に大きな負担をかけていた。

　そこで**図表6-88**のような夾雑物除去台車を作ってレオニーダーを洗浄する際にはレオニーダーから床に流す排液の中に夾雑する食品残渣をこの夾雑物除去台車の中に設置した細かいメッシュの篩の中に流し込むことによって取り除いた。数㎜以上の塊はほとんど取りのぞかれるので、排液はほぼ液体だけになり床の洗浄にも時間が掛からなくなり、掃除という非付加価値作業が減少することにより生産性が向上した。

　それだけでなく排水処理槽のスクリーンの目詰まりが減少し排水処理槽での作業も減少した上にBOD負荷が減少して排水能力にもゆとりができた。

図表6-88　夾雑物除去台車

図表6-89　夾雑物除去台車

VI-27 錦糸卵の厚さを均一に

　錦糸卵は卵液をローラー状の焼成機で**図表6-90**の錦糸卵用の薄い
シートに焼き上げこれを麺線機のようなカッターで細く切断して製造す
る。ところがこの卵液はかなり粘度が高く一ヶ所の投入では均一に広が
らず真ん中あたりが厚くなる傾向にあり厚みの調整が難しく、これが良
品率を低下させる原因にもなった。そこで**図表6-91**のように卵液の注
ぎ口を増やして、この場合は6ヶ所に増やして卵液の厚みを均一にする
ようにした。この対策で不良率は減少した。

図表6-90　錦糸卵シート

図表6-91　卵液投入

Ⅵ-28　ロータリー自動給袋包装機の投入かごガイド

　本件は拙著「食品工場の工程管理」紹介した事例なので詳細はそちらを参考にして頂きたいが、本書では生産技術で作成した治具に関する作業について説明したい。

　図表6-92は本治具を導入する前の作業状態で、この時点ではかごを置く台はフラットであり、かごは写真左の投入者近い所にたまたま並んでおいてある。

　作業の手順を説明すると①この作業者は内容物が入った並んだかごの中からかごを一つ取り、内容物を包装機に投入すると包装機は自動的に包装を進める。②空になったかごをもとあった台の空いたところに適当に置く。③右手前の作業者は台の上の空になったかごの中から一つを選び、これに規定の内容量を目指し内容物を入れる。④このかごを右手奥の作業者が受け取り自動ばかりで正確に測り、台の上に戻す。すると次に①の作業が始まりこれが繰り返される。

　このような作業を繰り返すとかごの位置には法則性がなくなり、投入担当者はどのかごを取るか迷い、空のかごを取る作業者は台の奥の方からかごを取らなければならない時もある。秤量する作業者は台の手前に他のかごがあればどこに秤量したかごを置くか困ることもある。別人による取る置く作業の繰り返しでかごの位置に法則性がないために、作業の進め方にルールがなく、このかごの操作のために作業が止まってしまう事が頻繁に起こっていた。

　そこで**図表6-93**のようなかごのガイド付きの治具を製作した。図表6-93の奥にいる①投入担当者は**図表6-94**の左手前から3つ目のかご、即ち投入作業者にもっとも近いかごを取り内容物を自動包装機に投入する。②空いたかごをかごのあった位置の近くに戻す。③左手前の作業者は左手前の空いたかごを取りこれに内容物を入れる。④秤量担当者は自

動秤を使用し正確に内容物を図り、治具の右手目の位置に置き、少し押すとU字型のガイドに沿って投入者側に進む。3人の作業者はこの作業を繰り返す。

　このような作業では常にそれぞれの作業者は自分に近いところのかごを取り、またそれを置くという事になり、かご同士が錯綜することはなくなり作業の進行が円滑になり作業の生産性は向上した。いつも同じ作業者グループであれば暗黙のルールで比較的安定して作業を行うこともできる場合もあるかもしれないが、現実には作業者はいつも変更されて作業に一貫性がなくなるので作業の進行は乱れてしまう。

　このような治具の導入でかごの操作のルールが容易に維持できるので作業の法則性が確立され作業の効率は向上する。暗黙のルールを期待するのではなく、ルールを守らねばならない状態により生産性を向上するのである。

図表6-92　以前の作業

図表6-93　治具導入後の作業

図表6-94　治具に並んだかご

図表6-95　治具

Ⅵ-29　ドーナッツ水付け器

　ドーナッツにパン粉を付けるにはまずパッドに入れた水に成型済みの生地を浸して、それをパン粉入ったパッドに移しそれをキャンバスに並べる作業が必要である。この為には**図表6-96**、**6-97**のように作業の為には生地を水に浸すための2名、それにパン粉をまぶしてキャンバスに並べる作業者が必要である。このラインの要因は15〜20名程度であるが、仮に20名構成の時でも4名は2割になりこの製品の生産性をこの作業が大きく低下させていた。

　そこで生産性を向上するために**図表6-98**のような水付け装置を作製した。ラインの終端に設置すれば昇降装置はいらないが、ラインの終端に設置するには工場のゆとりがないので設置することができないし、ラインを切断して設置するとライン改造費に多額の費用が必要になる上に、ラインが短くなると他の製品で作業場の不便が出るので図表6-98、**6-99**のような上昇機構付きの装置を作製し設置した。

　この装置を簡単に説明すると成型終了済みの生地はこの装置の先端までくると自動的にコンベアで上昇し、装置の上部に生地がくると駆動軸に乗る構造でここでは上下から水がスプレーでかけられるようになって

図表6-96　従来作業

図表6-97　従来作業

図表6-98　水付け器前面

図表6-99　水付け器背面

おり、濡れた生地がパン粉の満たされたバットの中に落ち込む、これを
作業者がバットから取り出してキャンバスに並べる。ここからの作業は
従来と同様である。

Ⅵ-30　フォンダン塗り機

　図表6-100はフォンダン*塗布機が仕上げラインに設置された様子である。フォンダンは粘度が高く付着性があり温度の変化によって物性が変わり易く、刷毛でパンなどの上に塗るばあいも塗りにくく人手を要する。そこでこの装置は図表6-101のようにパイプに巻いた熱源でパイプを温めフォンダンの物性を一定にして自動的にフォンダンを滴下して自動塗布する装置である。

　多品種少量生産の食品工場では、このような装置の稼働時間は短い。しかしこのような製品のラインを占める時間の合計は決して無視できない時間になる。稼働時間が短いアイテムに多額の出費はできないのは当然である。しかしかと言ってこれらを無視すれば結果的には生産性を低下させてしまうことになる。

　そこで生産技術部門の出番になる。このような稼働時間の短い製品の生産性向上に必要な装置をいかに廉価にタイムリーに内作できるかが多品種少量生産の食品工場が競争力をもつ秘訣であろう。

図表6-100　フォンダン塗布機　　図表6-101　フォンダン塗布機アップ

＊フォンダン：フォンダンとは菓子に載せる砂糖衣のことで細かい砂糖の結晶を糖液で包んだもので、砂糖と水あめを煮詰めて練り再結晶化させたもの。

VI-31　事例をまとめてみると

　多くの食品工場に対して著者は本書に挙げたような生産技術的な改変をはじめとして多く生産性向上の為の作業改善にも関わってきた。まだまだ食品製造業の生産性は低いのが現実である。ここに掲げた事例を単に実行するだけで、そのラインあるいはその工場の生産性が突然劇的に向上するものではないかもしれないが参考になるものはぜひ取り入れて頂きたい。

　多くの改善を通して生産性は徐々に向上していくものである。即ち改善の積み重ねでこそ生産性は向上していくのである。著者はコンサルティングを引き受ける際に2年間で20％の生産性を内なる目標としている。内なる目標であるからもちろんそれを契約するわけではない。なぜなら工場の人のみが生産性向上のための改善を実行できるのであり、コンサルタントはそれを支援（アドバイス）することしかできないからである。

　たった1％しか生産性が向上できない改善でも、10件改善を行なえば当たり前だが10％生産性が向上するのである。このように幾つかの改善を積み上げて効果を見えるようにするには最低2年間程度の期間は必要だと考えている。提案したことがすべてうまくいくとは限らないし修正の時間も必ず必要になるからである。

　図表6-102は著者が2年間生産性向上に携わったある食品工場の生産性向上の実績である。この図は2014年の実績を100％としてその推移をライン別と工場全体を月別の推移を示したものである。網目の部分がコンサルティング期間を示している。太線が工場全体の生産性の推移であるが工場全体では2年間で20％の生産性の目標は達成したと自認しているが、ラインDはコンサルティング期間中にほとんど成果を出すことはできなかった。逆にラインAとラインBではそれ以上の成果を上げるこ

とができた。

　工場の生産性は工場の作業だけではなく生産量に影響を受けるので、天候等の自然環境の変化、市場環境の変化、営業戦略、商品戦略などの多くの外的要因の変化による部分も大きいのが現実である。グラフの線の大きな起伏はそれらによるものと考えられる。このような外的要因の変化に対しては残念ながら改善活動は非力であると感じざるを得ないが、我々生産サイドの者はそれでも生産性向上活動に励むしかないであろう。

　多くの工場で経験している事であるがコンサルティングを開始して半年間くらいは成果が出ないことが多い、この工場でもその傾向が見られる。突然コンサルタントがやってきて何か言って俄かには信じられないということであろうか。それは人心のなせるところで自然であると考えている。それでもコンサルタントが受け入られるにつれて、その後は全体的には徐々に生産性が向上している。生産性はこのように徐々に向上

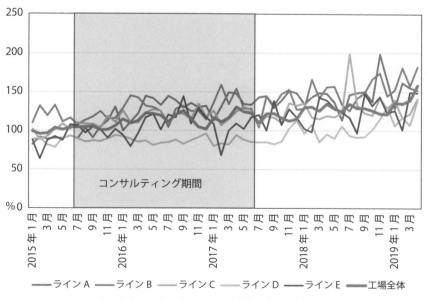

図表6-102　ある食品工場の生産性推移

するものであるから慢心なく継続的に改善を続けなくてはならないのである。とにかく生産性を向上しようとするマインドが大切である。

　著者がこのグラフの推移をみて一番嬉しかったのは2年間で2割生産性が向上することができた事ではなく、コンサルティング終了後も引き続き生産性向上を継続していることである。このことは何よりも生産性向上マインドと技量がこの工場に醸成されたことの証である。多くの他の工場でもこの工場と同じような生産性の推移を経験した。コンサルタントの使命は結果を出すことだけでなく、人も含めて現場そのものを改革することも含まれると考えている。コンサルティングを通じて多くの工場において生産現場や生産技術の方々には少なからぬ無理を聞いて頂いたことにより、ここに示すような結果を出すことができたことに対して、ご協力頂いた工場の関連の諸氏に敬意を表しお礼を申し上げたい。

食品製造フローチャート

食肉加工品　ハム

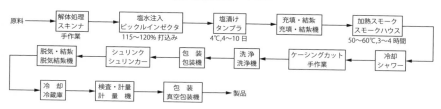

原料 → 解体処理 スキンナ 手作業 → 塩水注入 ピックルインゼクタ 115〜120% 打込み → 塩漬け タンブラ 4℃,4〜10日 → 充填・結紮 充填・結紮機 → 加熱スモーク スモークハウス 50〜60℃,3〜4時間

脱気・結紮 脱気結紮機 ← シュリンク シュリンカー ← 包装 包装機 ← 洗浄 洗浄機 ← ケーシングカット 手作業 ← 冷却 シャワー

冷却 冷蔵庫 → 検査・計量 計量機 → 包装 真空包装機 → 製品

ウインナーソーセージ

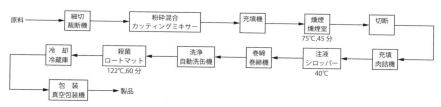

原料 → 細切 裁断機 → 粉砕混合 カッティングミキサー → 充填機 → 燻煙 燻煙室 75℃,45分 → 切断

冷却 冷蔵庫 ← 殺菌 ロートマット 122℃,60分 ← 洗浄 自動洗缶機 ← 巻締 巻締機 ← 注液 シロッパー 40℃ ← 充填 肉詰機

包装 真空包装機 → 製品

ベーコン

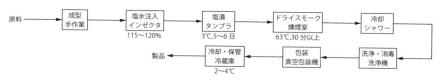

原料 → 成型 手作業 → 塩水注入 インゼクタ 115〜120% → 塩漬 タンブラ 3℃,5〜6日 → ドライスモーク 燻煙室 63℃,30分以上 → 冷却 シャワー

製品 ← 冷却・保管 冷蔵庫 2〜4℃ ← 包装 真空包装機 ← 洗浄・消毒 洗浄機

練製品

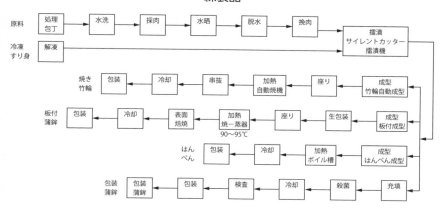

原料 → 処理 包丁 → 水洗 → 採肉 → 水晒 → 脱水 → 挽肉 → 擂潰 サイレントカッター 擂潰機

冷凍 すり身 → 解凍

焼き 竹輪 ← 包装 ← 冷却 ← 串抜 ← 加熱 自動焼機 ← 座り ← 成型 竹輪自動成型

板付 蒲鉾 ← 包装 ← 冷却 ← 表面 焙焼 ← 加熱 焼ー蒸器 90〜95℃ ← 座り ← 生包装 ← 成型 板付成型

はん ぺん ← 包装 ← 冷却 ← 加熱 ボイル槽 ← 成型 はんぺん成型

包装 蒲鉾 ← 包装 蒲鉾 ← 包装 ← 検査 ← 冷却 ← 殺菌 ← 充填

281

フィッシュスチック

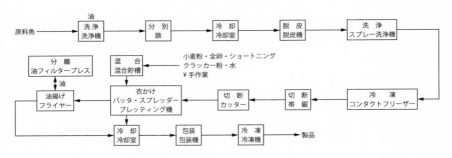

魚肉ソーセージ

ツナ（まぐろ、かつお）缶詰

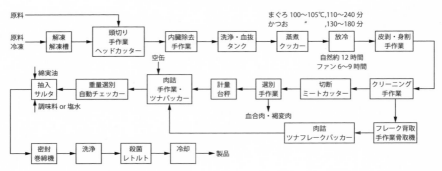

かつお節

脱脂粉乳

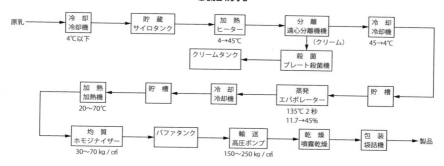

原乳 → 冷却 冷却機 4℃以下 → 貯蔵 サイロタンク → 加熱 ヒーター 4→45℃ → 分離 遠心分離機 → 冷却 冷却機 45→4℃

クリームタンク ← 殺菌 プレート殺菌機 ← （クリーム）

加熱 加熱機 20→70℃ ← 貯槽 ← 冷却 冷却機 ← 蒸発 エバポレーター 135℃ 2秒 11.7→45% ← 貯槽

均質 ホモジナイザー 30～70 kg／c㎡ → バッファタンク → 輸送 高圧ポンプ 150～250 kg／c㎡ → 乾燥 噴霧乾燥 → 包装 袋詰機 → 製品

バター

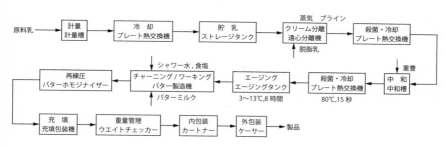

原料乳 → 計量 計量槽 → 冷却 プレート熱交換機 → 貯乳 ストレージタンク → クリーム分離 遠心分離機 脱脂乳 蒸気 ブライン → 殺菌・冷却 プレート熱交換機

再練圧 バターホモジナイザー ← チャーニング／ワーキング バター製造機 シャワー水，食塩 バターミルク ← エージング エージングタンク 3～13℃，8時間 ← 殺菌・冷却 プレート熱交換機 80℃，15秒 ← 中和 中和槽 重曹

充填 充填包装機 → 重量管理 ウエイトチェッカー → 内包装 カートナー → 外包装 ケーサー → 製品

プロセスチーズ

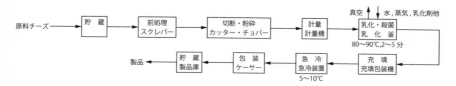

原料チーズ → 貯蔵 → 前処理 スクレパー → 切断・粉砕 カッター・チョパー → 計量 計量機 → 乳化・殺菌 乳化釜 80～90℃,2～5分 真空 水，蒸気，乳化剤他

製品 ← 貯蔵 製品庫 ← 包装 ケーサー ← 急冷 急冷装置 5～10℃ ← 充填 充填包装機

マヨネーズ

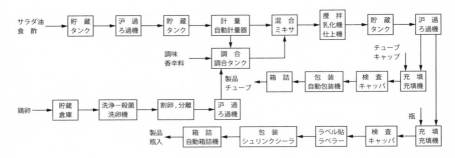

しょうゆ

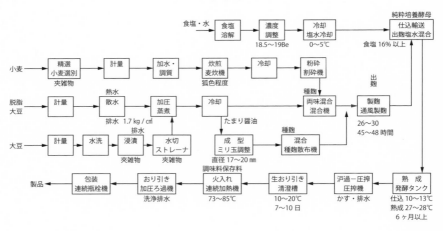

ウスターソース

生野菜 生果実 → 洗浄 洗浄機 → 選別 → 細断 → 蒸煮 （常圧型）95〜100℃30〜60分 （加圧型）1 kg/㎡ 30〜60分 → 沪過 自動篩 80〜100メッシュ → 調味 攪拌機 → 殺菌 熱交換機 → 冷却 熱交換機 → 貯蔵 貯蔵槽 → 充填・打栓 → 製品

一次加工 野菜・果実 → 開袋 開缶機 → 蒸煮

284

レトルトビーフカレー

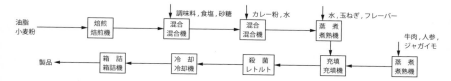

調理冷凍品　エビピラフ

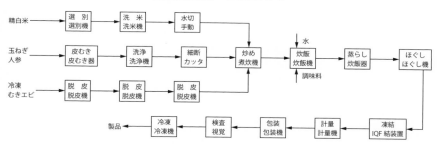

＊IQF（Individual quick freezing）凍結装置：急速バラ凍結

油脂精製法

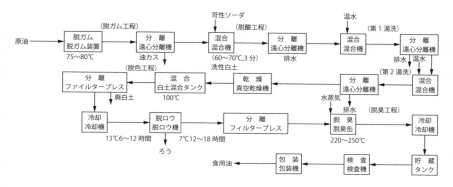

ショートニング

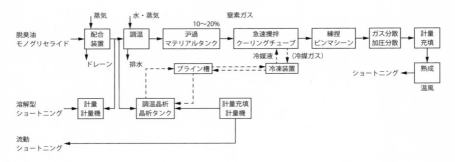

小麦でんぷん（マーティン社法）

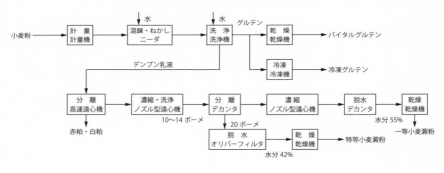

そば粉

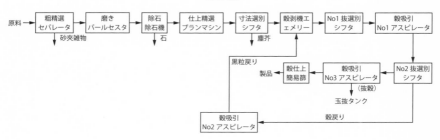

286

小麦粉

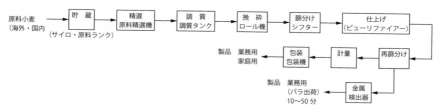

原料小麦
(海外・国内)
→ 貯蔵
(サイロ・原料ランク)
→ 精選
原料精選機
→ 調質
調質タンク
→ 挽砕
ロール機
→ 篩分け
シフター
→ 仕上げ
(ピューリファイアー)

製品 業務用
家庭用
← 包装
包装機
← 計量
← 再篩分け

製品 業務用
(バラ出荷)
10〜50分
← 金属
検出器

パン（中種法)

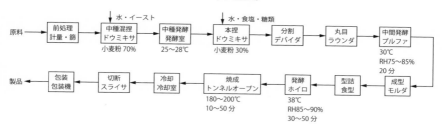

原料 → 前処理
計量・篩
→ 水・イースト
中種混捏
ドウミキサ
小麦粉70%
→ 中種発酵
発酵室
25〜28℃
→ 水・食塩・糖類
本捏
ドウミキサ
小麦粉30%
→ 分割
デバイダ
→ 丸目
ラウンダ
→ 中間発酵
プルファ
30℃
RH75〜85%
20分

製品 ← 包装
包装機
← 切断
スライサ
← 冷却
冷却室
← 焼成
トンネルオーブン
180〜200℃
10〜50分
← 発酵
ホイロ
38℃
RH85〜90%
30〜50分
← 型詰
食型
← 成型
モルダ

パン（直捏法・ストレート法)

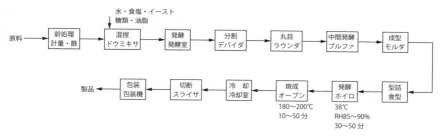

原料 → 前処理
計量・篩
→ 水・食塩・イースト
糖類・油脂
混捏
ドウミキサ
→ 発酵
発酵室
→ 分割
デバイダ
→ 丸目
ラウンダ
→ 中間発酵
プルファ
→ 成型
モルダ

製品 ← 包装
包装機
← 切断
スライサ
← 冷却
冷却室
← 焼成
オーブン
180〜200℃
10〜50分
← 発酵
ホイロ
38℃
RH85〜90%
30〜50分
← 型詰
食型

ビスケット

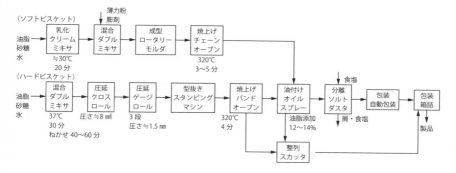

（ソフトビスケット)
油脂
砂糖
水
→ 乳化
クリーム
ミキサ
≒30℃
20分
→ 薄力粉
膨剤
混合
ダブル
ミキサ
→ 成型
ロータリー
モルダ
→ 焼上げ
チェーン
オーブン
320℃
3〜5分

（ハードビスケット)
油脂
砂糖
水
→ 混合
ダブル
ミキサ
37℃
30分
ねかせ40〜60分
→ 圧延
クロス
ロール
圧さ≒8㎜
→ 圧延
ゲージ
ロール
3段
圧さ≒1.5㎜
→ 型抜き
スタンピング
マシン
→ 焼上げ
バンド
オーブン
320℃
4分
→ 油付け
オイル
スプレー
油脂添加
12〜14%
→ 分離
ソルト
ダスタ
食塩
屑・食塩
→ 包装
自動包装
→ 包装
箱詰
製品

整列
スカッタ

もち米菓

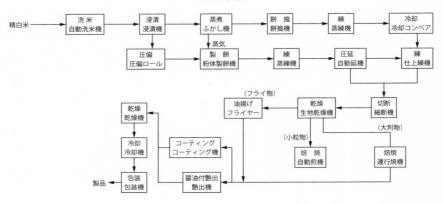

精白米 → 洗米 自動洗米機 → 浸漬 浸漬機 → 蒸煮 ふかし機 → 餅搗 餅搗機 → 練 蒸練機 → 冷却 冷却コンベア

圧偏 圧偏ロール → 製餅 粉体製餅機 ← 蒸気 / 練 蒸練機 → 圧延 自動延機 → 練 仕上練機

乾燥 乾燥機 ← 油揚げ フライヤー (フライ物) ← 乾燥 生地乾燥機 ← 切断 細断機

冷却 冷却機 → コーティング コーティング機 → 焙焼 自動煎機 (小粒物) / 焙焼 運行焼機 (大判物)

製品 ← 包装 包装機 → 醤油付艶出 艶出機

生あん

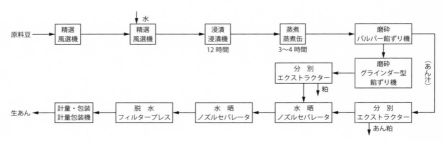

原料豆 → 精選 風選機 → 精選 風選機 ← 水 → 浸漬 浸漬機 12時間 → 蒸煮 蒸煮缶 3〜4時間 → 磨砕 パルパー餡ずり機

磨砕 グラインダー型 餡ずり機 → 分別 エクストラクター 粕 → (あん汁)

生あん ← 計量・包装 計量包装機 ← 脱水 フィルタープレス ← 水晒 ノズルセパレータ ← 水晒 ノズルセパレータ ← 分別 エクストラクター → あん粕

乾麺

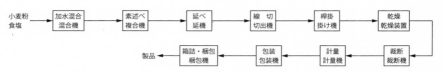

小麦粉 食塩 → 加水混合 混合機 → 素述べ 複合機 → 延べ 延機 → 線切 切出機 → 桿掛 掛け機 → 乾燥 乾燥装置

製品 ← 箱詰・梱包 梱包機 ← 包装 包装機 ← 計量 計量機 ← 裁断 裁断機

麺類

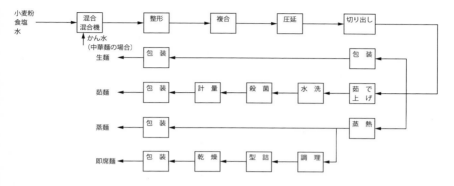

パスタ

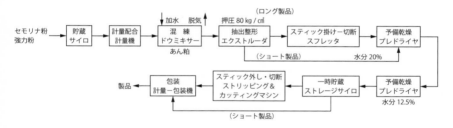

豆腐

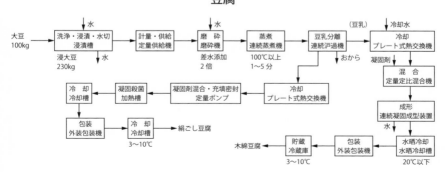

油揚げ

大豆 → 膨化 浸漬槽 → 粉砕 磨砕機 → 蒸煮 蒸煮缶 → 加熱・冷却 蒸煮缶 → 豆乳沪過 除粕機 → 凝固 凝固槽 → 成型 圧搾型箱 →

豆重20倍加水　100℃20秒　50〜55℃まで急冷　　　　　　　　　　　水分82%

製品 ← 包装 包装機 ← 冷却 自然冷却 ← 油揚げ 油揚げ機 ← 圧搾 脱水機 ← 細切簾並べ 細切機簾子 ← 水晒し 晒し機

水

納豆

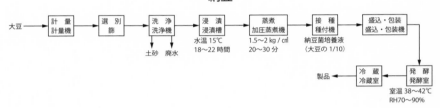

大豆 → 計量 計量機 → 選別 篩 → 洗浄 洗浄機 → 浸漬 浸漬槽 → 蒸煮 加圧蒸煮機 → 接種 種付機 → 盛込・包装 盛込・包装機 →

土砂 廃水　　　水温15℃ 18〜22時間　1.5〜2kg/c㎡ 20〜30分　納豆菌培養液 （大豆の1/10）

製品 ← 冷蔵 冷蔵室 ← 発酵 発酵室

室温38〜42℃ RH70〜90%

こんにゃく

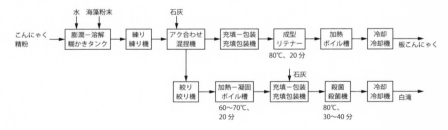

水 海藻粉末　　石灰

こんにゃく 精粉 → 膨潤−溶解 糊かきタンク → 練り 練り機 → アク合わせ 混捏機 → 充填−包装 充填包装機 → 成型 リテナー → 加熱 ボイル槽 → 冷却 冷却機 → 板こんにゃく

80℃、20分

絞り 絞り機 → 加熱−凝固 ボイル槽 → 充填−包装 充填包装機 → 殺菌 殺菌機 → 冷却 冷却機 → 白滝

60〜70℃ 20分　　石灰　　80℃、30〜40分

はるさめ

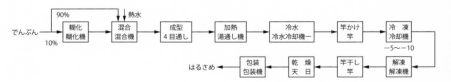

90%　　　　熱水

でんぷん → 糊化 糊化機 → 混合 混合機 → 成型 4目通し → 加熱 湯通し機 → 冷水 冷水冷却機− → 竿かけ 竿 → 冷凍 冷却機 →

10%　　　　　　　　　　　　　　　　　　　　　　　　　　　　　　　　　−5〜−10

はるさめ ← 包装 包装機 ← 乾燥 天日 ← 竿干し 竿 ← 解凍 解凍機

おわりに

　食品製造業の生産性を何とか向上したいという思いでこれまで数冊の関連の本を書いてきたが、今回は多くの食品工場にとって不十分な生産技術に関して書いた。食品製造業の生産性が低い原因については今までも縷々書いてきたが、食品工場にこの生産技術力が不足していることも大きな原因の一つであると考えている。

　日本の労働人口が減少している上に当てにしていた外国人労働者も送り出し国の経済発展や今回の新型コロナウイルスのような事態が突発すれば、特に労働集約型の食品製造業は今後極端な労働力不足に陥ることは免れないであろう。これまでの拙著にも食品工場の生産性向上について書いてきたが、労働力不足に落ちる未来を予測すればいかに少人数で工場を稼働できるかが食品製造業の最大の課題になろう。当然少人数で工場を動かせれば生産性は自然と向上することにもなる。

　しかしその為には今までの省人化だけでは限界があり、徹底的な工場の自動化・ロボット化を推進するしか方法がないと考えている。すなわち今まで人が行なってきた作業を機械に置き換えようということである。したがって今まで以上に工場に機械設備を導入しなければならないということである。しかもそれはこれまでの延長線にないカテゴリーの機械を導入しなければならないということにもなる。

　そのような状況に現在の食品工場が持つ生産技術力で対応できるであろうか。またSIer関係の方々から「世間と異なる発想の食品業界とは余り関わりたくない」との意見も時折聞く。今後機械化を進めて行く上で食品業界だけで通用する考え方や低い生産技術力では、新しい工場、ライン作りには対応できないであろう。食品製造業はグローバルな考え方と強力な生産技術力を早急に付けていく必要がある。

　最後に個人的なことであるが昨年度農水省の食品産業生産性向上フォーラムの企画検討委員長として、全国で基調講演をさせて頂いてい

る最中に不覚にも大怪我をしてしまったが、御蔭様で1年半を経過し予想以上に回復できた。今まで通りとはいかないけれども、これももっと頑張れとの啓示であると理解し、もう一頑張りしたいと考えている。食品工場の生産に関してお困りのことがあればぜひご遠慮なく連絡を頂きたい。喜んでできるだけの協力を惜しまないつもりである。

　時節柄、本書の出版は難産であったが、出版部の藤井浩氏のご支援により何とか出版に辿り着くことができたことに深甚なる謝意を表したい。

2020年8月　　　奈良の寓居にて　　　弘中泰雅

追録

　本著を書いてる間に新型コロナウイルスが発生し今や世界に蔓延している。8月初めの時点で日本の感染者は約4万人、死者は約1000人、世界の感染者は約1800万人、死者は約69万人に達している。これからまだまだ増加しそうだし、社会の機能も低下している。秋以降には第2波、第3波……が発生し今後数年は影響が残ると予想されている。

　人類は今後全体主義と民主主義、グローバリズムとローカリズムの選択を迫られるとの予見がある。世界の市民生活に大きな変化が起きるであろう。人の移動が制限され食糧の貿易も必ず大きな変化が起きるであろうし、当然輸入食糧に頼っている日本の食品製造業が大きな影響を受けないはずはない。

　このような環境の中でいかに食品企業は生き残り、また食料を供給していくか大きな課題が残った。我々ができる事は企業力を増強する事しかない。その為には生産技術力が大きな力を発揮することが期待される。我々はこれまで効率を追求してきたが、このような事態になり無駄と余裕の間についてしっかりと考えなければならなくなった。

参考文献

並木高矣著：生産管理　丸善株式会社　1977

日本経営工学会編：経営工学ハンドブック　丸善株式会社　1994

圓川隆夫他編：生産管理の事典　朝倉書店　1999

坂倉貢司著：トコトンやさしい生産技術の本　日刊工業新聞社　2015

菅間正二著：生産技術の実践手法がよーくわかる本［第2版］　株式会社秀和システム
　　　　　2017

藤本隆宏著：生産マネジメント入門［Ⅱ］

人見勝人著：入門編生産システム工学（第4版）　共立出版　2009

下川浩一編著：ホンダ生産システム　－第3の経営革新—　文眞堂　2013

下川浩一・佐武弘章著編：日産プロダクションウェイ、有斐閣　2011

米虫節夫編著：食品衛生7S 導入編、日科技連出版社　2008

石川　馨著：品質管理入門　第3版　日科技連出版社　2012

化学工学協会編：化学工学の進歩14　食品化学工学　槇書店　1981

岡田　功：化学工学　東京電機大学出版局1972

三浦靖：日本レオロジー学会誌、Ｖol.42, No.4, 265-266　2015

石谷孝祐監修、日本食品包装協会編著：食品包装の科学、日刊工業新聞社　2016

露木英男：コールドチェーン研究　Ｖol.3 No.1 (1977)

田中康夫・松本博編著：製パンプロセスの科学　光琳

　新しい食品加工技術と装置編集委員会：新しい食品加工技術と装置
　－その開発と進歩—　株式会社産業調査会　1991

中島一郎著：初心者のための食品製造学　株式会社光琳　2013

社団法人日本食品機械工業会編：最新日本の食品機械総覧、光琳　2002

農林水産省食料産業局：食品産業生産性向上のための基礎知識　2019

岩波　理化学辞典　第4版　岩波書店　(1987)

弘中泰雅：食品製造業の人手不足対策と問題点、工場管理、Ｖol.65、No.9、(8月号)、日刊
　　　　　工業新聞社　2019

弘中泰雅：人手不足に打ち勝つ自動化工場作りには生産技術力が必須

工場管理（印刷中、8月号）、日刊工業新聞社　2020

林　芳樹：専門部隊を有していない中小企業の「生産技術力」をどう強化していくか、工
　　　　　場管理（印刷中、8月号）、日刊工業新聞社　2020

弘中泰雅著：食品工場の生産管理　第2版　日刊工業新聞社　2018

弘中泰雅著：よくわかる異常管理　日刊工業新聞社　2011

弘中泰雅著：食品工場の品質管理　日刊工業新聞社　2012

弘中泰雅著：食品工場の工程管理　日刊工業新聞社　2013

弘中泰雅著：食品工場のトヨタ生産方式　日刊工業新聞社　2015

弘中泰雅著：食品工場の生産性2倍　日刊工業新聞社　2016

弘中泰雅：工場管理、Ｖol.65, No.9, 12-23　(2019)

索引

295

著者紹介

弘中 泰雅（ひろなか　やすまさ）
テクノバ株式会社　代表取締役
www.technova.ne.jp　mailbox@technova.ne.jp

経歴
1976年　鹿児島大学大学院水産研究科修了
　　　　中堅食品企業にて研究室長、製造課長歴任
1988年　農学博士（九州大学）、
　　　　船井電機にて食品課長、電化事業部技術部次長（技術責任者）
　　　　世界初の家庭用製パン器の開発に携わる　功績により社長表彰
2000年　テクノバ株式会社設立　生産管理ソフト「アドリブ」開発
　　　　食品工場等の指導多数　ISO22000審査業務
2017年　農林水産省　食品産業戦略会議専門委員
2018年　農林水産省　食品産業生産性向上フォーラム企画検討委員長、
　　　　農林水産省　食品産業戦略会議専門委員

受賞歴　ベストITサポーター賞（近畿経済産業局長）受賞
日本生産管理学会賞受賞
日本穀物科学会賞受賞

所属学会　日本生産管理学会理事、標準化研究学会、日本食品科学工学会、
日本穀物科学研究会理事　食品産業研究会主宰

主な執筆　弘中泰雅著、名古屋QS研究会編：よくわかる現場シリーズ　異常管理（中部標準化懇話会（SCSC）、2010）、よくわかる「異常管理」の本（日刊工業新聞社、2011）、ムダをなくして利益を生み出す　食品工場の生産管理（日刊工業新聞社、2011）、　生産性向上と顧客満足を実現する　食品工場の品質管理（日刊工業新聞社、2012）、モノと人の流れを改善し生産性を向上させる！食品工場の工程管理（日刊工業新聞社、2013）、食品工場の経営改革 こうやれば儲かりまっせ！（光琳、2013）、"後工程はお客様"で生産効率をあげる！食品工場のトヨタ生産方式（日刊工業新聞社　2015）、"ムダに気づく"人つくり・しくみつくり 食品工場の生産性2倍（日刊工業新聞社　2016）、食品工場の生産管理 第2版（日刊工業新聞社、2018）、月刊食品工場長（日本食糧新聞社）、食品工業（光琳）等　日本生産学会誌、日本食品工業学会誌、その他技術誌等多数

単位操作を理解して生産性を向上！
食品工場の生産技術
NDC509.6

2020年8月30日　初版1刷発行

定価はカバーに表示されております。

©著　者　弘　中　泰　雅
発行者　井　水　治　博
発行所　日　刊　工　業　新　聞　社

〒103-8548　東京都中央区日本橋小網町14-1
電話　書籍編集部　　03-5644-7490
　　　販売・管理部　03-5644-7410
　　　FAX　　　　　 03-5644-7400
振替口座　00190-2-186076
URL　https://pub.nikkan.co.jp/
email　info@media.nikkan.co.jp

印刷・製本　新日本印刷株式会社

落丁・乱丁本はお取り替えいたします。　　2020　Printed in Japan
ISBN 978-4-526-08078-4